柳宗民の雑草ノオト

柳 宗民 文　三品隆司 画

筑摩書房

目次

第1章 春

第2章 夏

第3章 秋

第1章 春

ナズナ

和名：ナズナ

科名：アブラナ科

生態：越年生１年草

別名：ペンペングサ、ビンボウグサ

学名：*Capsella bursa-pastoris*

せり　なずな　おぎょう　はこべら　ほとけのざ　すずな　すずしろ　これぞ七草

馴染み深い春の七草の歌である。

この七種の草を刻んで粥に炊き込んだものを、正月の七日に食べる習慣があるが、これが七草粥だ。秋に芽生え、寒い冬にも緑の葉をつけて冬越しをするその強さに肖《あやか》って、今年一年、無病息災に過ごそうという願いが籠められているようだ。理屈は抜きにしても、正月三が日、食べ過ぎ飲み過ぎた腹には、七日に腹に優しい粥を食べるということは、考えてみればなかなか合理的でもある。

春の七草の前五種は、田畑、路傍、空地に生える、いわば雑草の類。あとの二種、すずな、すずしろは蕪と大根のことで、これは冬野菜の代表として選ばれたものだろう。「七草なずな」と云われるように、この七草の右代表がナズナである。葉をつまんでにおいを嗅ぐと特有な香りがする。七草粥独特の香り、このナズナの香りと云ってもよい。大昔、今日のように多種の野菜がなかった時代、このナズナは、恰好の葉菜として食べられていたらしい。青物の少ない冬の間、深い切れ込みのある若緑の葉は、何か食欲をそそられる。私も、戦中から戦後へかけての食糧難時代に、ナズナを採ってきては、ひたし物として食べた想い出がある。特有な香りと歯触りは、栽培物の葉菜にはない、自然の恵みの味わいがする。

三寒四温となり、春霞が靄《もや》る頃になると、株元から薹立《とうだ》ちして、白いごく小さな花を、小帽子をかぶせたように密集して咲かせる。よく見れば、花びらは四枚、アブラナ科植物特有の十字形花だ。雑草の花として見過ごされやすいが、春の野辺に寝転んで、まわりに咲くナズナの花を見ていると、ああ、春がやってきたナ、との感が深い。

ナズナの語源には幾つかの説があるようだ。愛すべき菜、というところから、撫菜《なでな》から由来するとも、密生するところから、馴染む菜がナズナに転化したとも云われる。実際に、その若緑の葉は撫でたくなるし、密集して生えている様は、お互いに馴染み合って生えているようにも見える。どちらの説にも軍配を挙げたくなる。

正式な名はナズナだが、いろいろな別名というか俗名がある。もっとも一般的なのが、ペンペングサという名だ。ペンペンというと、三味線の音を連想する。私も子供の頃、その熟して乾いた実莢《みさや》を振るとペンペンと音がするものと思っていたが、ある時、振ってみたらちっともペンペンとは鳴らない。ガサガサというだけである。何か、騙されたような気持ちだったが、本当は、その果実の形が三味線を弾く時に使う撥《ばち》の形に似ているからだそうだ。ペンペンとは音はしないが、この名はどこか親しみがある。これに反してナズナにとって気の毒なのが、「ビンボウグサ」(貧乏草)という名だろう。ナズナの扁平な種子は飛び散りやすく、どこへでも飛び散って生えてくる。極めて繁殖力旺盛で、アスファルト道路の少しの割れ目にまで生える。昔は田舎へ行くと藁屋根の家が多かったが、古くなると藁屋根が腐ってくる。と、この古屋根にまで生えてくる。藁屋根は古くなって傷むと葺き替えをしなくてはならない。ところが、この葺き替えにはかなりの費用がかかる。貧乏人にはとても出来ない相談だ。そのうちに、腐り出した藁屋根にナズナの種子が落ちて生えてくる。貧乏草と云われる由縁だ。もっとも近頃は、藁屋根の家がどんどん少なくなってしまったから、「貧乏草」という名も現実味がなくなりつつある。

最近、コンテナ・ガーデンの寄せ植えというのが流行っている。これによく用いられる草花にスイート・アリッサム（Sweet Alyssum）という草花がある。コンパクトに茂る草に白く小さな四弁花を、株を覆いつくすようにびっしりと咲かせて、昔から春花壇の縁どりなどに使われ、甘い香りを放つ。この花の日本名は、ニワナズナと呼ばれる。ナズナ同様アブラナ科の草花でナズナの名が付けられているが、ナズナとは別属の植物で、地中海地方の海岸地帯がその生れ故郷。時にニオイナズナとも呼ばれる。同じようにナズナの名が付けられているが、別属のものにイヌナズナというのがある。各地の畑などに生える畑地雑草の一つだが、花は菜の花を小さくしたような黄色い花。茎葉がナズナに似るが食用にもならず、役立たずというところからイヌナズナと名付けられたようだ。植物名には、よくイヌという名を冠したものがあるが、その多くは本物とは違う贋物、あるいは役立たずという意味がある。犬がこれを聞いたら呆れるに違いない。犬にとっては差別用語だから……。

正月七日の朝、ナズナの香り立つ熱い七草粥を啜ると身も心も温まる思いがする。この習慣も近頃だんだん廃れてきたようだが、健康食の一つとしても、今後、いつまでも続けられることを祈りたい。

ホウコグサ

和名：ホウコグサ

科名：キク科

生態：１年草

別名：ハハコグサ、オギョウ、キバナグサ

学名：*Gnaphalium affine*

一般には母子草と書きハハコグサと呼ばれるが、正式にはホウコグサというのが正しい。どんな花？　と聞かれると、黄色い麴玉《こうじ》のような花だヨ、と云っても今の若い人達には、麴って何？　と云われて、まず、解ってもらえない。漢名は「鼠麴草《そきくそう》」。これも花容が麴に似ているからだろうか。頭に鼠がつくのがちょっと気になるが……。長い箆《へら》状の葉を根生して、春の訪れと共に薹《とう》立ちして、その頂きに黄色い小さな頭状花を麴玉のように密集して咲かせる。茎葉共に白い産毛のような微毛が密生していて白っぽく見える。触るとその感触がフランネルのように柔らかい。

これも春の七草の一つ。「おぎょう」と云われているのが、このホウコグサのことだ。よく「ごぎょう」と云われるが、これは間違いで、「おぎょう」と発音するのが正しい。ナズナ同様、わが国各地の路傍、空地、田畑などにごく普通に見掛ける野草の一つだが、早春に咲く、黄色い麴玉のような花は、優しく愛らしい。いかにも春の訪れに相応しい花と云えよう。

地方によっては、「餅草」とも云う。モチグサの名は、一般には、草餅に用いるヨモギのことを指すが、ホウコグサをモチグサと呼ぶ地方では、草餅を作る時には、ヨモギでなく、このホウコグサの葉を用いるそうだ。一種の菜として七草粥に用いているのも肯ける。

今はやっていないが、以前、私の農園で、暮れになると、七草の寄せ植えを作って出荷していたことがあった。一番大変なのは、七種を集めることで、大根と蕪は、小型に仕立てないと寄せ植えには使えないのでタネ播きを遅くする。これは播き時の調節で何とかなるが、ほかの五種は野生のものを探して採ってくることになる。幸い、ナズナ、ホウコグサ、ハコベの三種は、わが農園にいくらでも生えているので集めるのは容易だった。始めのうちは気にしなかったが、そのうち残っていた寄せ植えに薹立ちしてきたら、ホウコグサの様子がどうもおかしい。茎頂に、黄色い小花をかためて咲くのがそうではない。うす汚れたように小さな淡褐色の花が穂状に咲き出した。茎葉はホウコグサそっくりだが、花が全く違う。それまではほとんど見掛けなかった草だ。ハテ、何者か、手持ちの植物図鑑にも出ていない。その後、この草を、わが家では「ニセホウコ」と呼ぶようになった。

その後、このニセホウコ、チチコグサモドキという、北アメリカからの帰化植物と解ったが、何とも紛らわしい。薹立ちしてこないと区別がつきにくく、ホウコグサを集める時によほど注意していないと間違える。申し訳ないことだが、わが農園作の寄せ植えには一時、この贋のホウコグサを植えてしまったものがあったに違いない。ホウコグサの仲間にチチコグサというのがある。母子草に対して父子草と名付けられたこの草は、茎葉はよく似ているが葉の表面は毛がなく、裏面に白色の綿毛が生えるので区別がつく。小型で花は淡褐色の小花を茎頂に纏めてつけるため、あまり目立たず存在感がうすい。何やら、近頃の父母のように、父の方は存在感がうすい、というところなのだろうか。チチコグサモドキは、ホウコグサよりこのチチコグサに似るところから名付けられたようだ。若苗のうちはホウコグサとよく似て間違えやすいが、薹立ってくると、葉腋《ようえき》からわき芽を出すし、葉色も緑っぽい。また、この仲間には、同じく帰化植物のウラジロチチコグサというのもある。名のように、葉裏が目立って白い。このほか、同属のものには、秋に咲くアキノホウコグサがある。ホウコグサによく似て、茎葉に白色綿毛が生えるし、花も黄色く、ホウコグサが慌てて秋に咲いたのか、とも思ってしまうが、草丈が高く五〇〜六〇センチメートルに伸び、ホウコグサとは別種のものだ。この一族、ホウコグサ属は学名をグナファリウム（*Gnaphalium*）と云い、柔らかい綿毛があるという意味で、これがこの一族の特徴でもある。

このグナファリウム属に大変近いグループにアナファリス属というのがある。ヤマホウコ、カワラホウコ、ヤバネホウコなど、ホウコグサの名を冠したものが多いが、アナファリス（*Anaphalis*）とはホウコグサのギリシャ名だそうで、これ、一体どうなっているの？　と少々頭が混乱してしまう。また、アルプスの名花と云われるエーデルワイス（Edelweiss）も、ホウコグサに近いグループに入る。

余談だが、草物類にはホウコグサのように白色綿毛を密生し、草全体が白く見えるものがよくある。ナデシコ科の草花のフランネルソウ（正式名スイセンノウ）、ハーブの一つとされるシソ科のラムズ・テール（Lambs Tail）やキク科のシロタエギクなどはよく知られているが、このように白色綿毛の生える草を総称して、外国ではダスティ・ミラー（Dusty Miller）と称し、その銀白色にも見える葉は、観賞用として花壇や寄せ植えの彩りによく用いられる。ホウコグサもダスティ・ミラーだが、残念なことに野草扱いで観賞用には用いられていない。

ハコベ

和名：ハコベ

科名：ナデシコ科

生態：越年生1年草

別名：ハコベラ、アサシラゲ、ヒヨコグサ、トキシラズ

学名：*Stellaria media*

子供の頃、母が好きでカナリアを飼っていた。近頃は、カナリアを飼う人が少なくなってしまったようだが、その頃は小鳥の中では人気が高く、その美しい鳴き声を楽しむ人が多かった。特に玉を転がすように鳴くローラー・カナリアの美声を、声楽家であった母はことさら好んでいたようだった。

カナリアの餌は粒餌だが、それと共に必ず与えたのが青菜のような緑餌で、特に、ハコべを好んで食べる。庭にはハコべがいくらでも生えてくる。それを採ってくるのが私の役目。ハコべと私の付き合いはこの時に始まったと云ってよい。

カナリアに限らず、小鳥の緑餌には、わが国ではどこにでも生えているハコべがよく用いられてきたが、ハコべを緑餌に用いるのはわが国だけではないようだ。

パリというとセーヌ河。その中にシテ島というのがある。ここには花市が立つので有名で、それを観に行った時のことだ。そこに花屋ではなく、小鳥を売る店の一角があった。いろいろな小鳥が売られているのが面白く、ちょっと寄ってみたところ、小鳥用の餌が、テーブルの上にいろいろと並べられていて、その中にハコべの束が山積みになっている。

「へえー、フランスでも小鳥にハコべをやるンだ！」

ハコべは世界各地に広く分布している植物で、ヨーロッパでもあちこちに野生を見掛けるから、小鳥の緑餌に用いられていても別に不思議ではないのだが、その時にはちょっとした驚きであった想い出がある。

ハコべは古くハコベラと称し、これは万葉集に波久倍良《はくべら》の名で登場し、これが語源とされる。これも春の七草の一つ。わが国のどこにでも見られる越年草で、株元より何本もの茎を伸ばし、地を這うようにして茂る。先の尖った卵形の葉を茎に対生してつけ、春の訪れと共に茎を伸ばして、その先に小さな白い五弁の花を咲かせる。ごく小さな花だが、よく見ると大変可憐な花で愛らしい。この花、朝陽を受けて開くところから「朝開け」転じて「アサシラゲ」の別名がある。時に葉のごく小さなものがあるが、よく観察したものと感心させられる。時に葉のごく小さなものがあるが、これはハコベの小型変種でコハコベという。

またこれとは反対に大型で葉も大きく逞しく茂るハコベがあるが、これは別種で、大きいことからウシハコベという。普通のハコベの茎は緑色のことが多いが、ウシハコベの方は赤紫がかるので、茎の色を見ればだいたい区別がつく。このウシハコベも、ハコベ同様、わが国のどこにでも生える雑草の一つ。このグループは学名をステルラリア属と云い、ステルラリア（*Stellaria*）とは「星」のことで、小さな花が星形に開くことから名付けられたものだろう。このステルラリア属の中で、ハコベの名を冠したものがいろいろとある。中部以南の山地で見られるヤマハコベ、山の沢辺りなどで見掛けるサワハコベやミヤマハコベ、サワハコベを小型にしたようなツルハコベ。また北地の海岸で見掛ける海浜性植物らしく葉の厚ぼったいハマハコベは、ハコベの名が付けられているが、別属の植物である。

ナズナ同様、戦争中の食糧難時代には、よくハコベを摘んできて、ひたし物にして食べたものだ。シャキシャキした食感があって、けっこういける。大型のウシハコベは量的に多く採れ、これも食べられるが、ハコベよりも硬くあまり美味しいとは云えない。やはり食用には普通のハコベの方がよい。小鳥にやっても、ウシハコベよりハコベの方を好むようだ。

昔、ハコベを食べると乳がよく出るとか、乳癌に効くとか云われたことがあったようだが、実際には効果はないようだ。それよりも面白いのは、昔、ハコベの葉を乾かし、粉にしたものに塩を混ぜ、歯磨きに用いたと云い、これを「はこべ塩」と称したそうである。一度試してみようと思っているが、未だに果たしていない。ハコベは昔、歯痛止めとして用いられていたというから、このはこべ塩、歯の健康のためにはよいかもしれない。

この愛らしき春の七草の一つも、畑や花壇に生えると始末の悪い雑草となる。株元から何本もの茎を這うようにして茂るため、茎をつまんで引っ張ると、プツリと切れて株元が残る。残った株元から再び芽を出して茂る。取り除く時には、株元をさぐり当て、株元をつまんで根ごと引き抜くようにするのがコツだ。一株で、無数の花をつけるので、これまた無数の種子をならせる。これが飛び散るために、周辺には、それこそ苔が生えたように無数の芽が出る。取っても取っても、あとからあとへと生えてきて、繁殖力旺盛な雑草の本性を発揮する。種子がなり出してから取ると、下手をするとハコベという雑草のタネ播きをすることになり兼ねない。ハコベを除くには、花の咲く前に引き抜くことだ。もっとも、これはハコベに限らずすべての雑草に云えることだが……。

雑草扱いにされる植物だが、万葉集に詠み込まれたことも、何か人の心を打つ、優しさと和やかさがあるからだろうか。

タビラコ

和名：タビラコ

科名：キク科

生態：１年草

別名：コオニタビラコ、ホトケノザ

学名：*Lapsana apogonoides*

早春、田起しの始まる前の田圃に、うす黄色い小花が一面に咲くのを見掛けることがある。タビラコの花だ。タビラコとは「田平子」の意で、その葉が田面《たのも》に平たく張りつくように茂るところから付けられた名だろう。その花は、タンポポの花を一重咲きにして小さくしたような花で、春早く一〇センチメートルぐらいの茎を伸ばして、あらく枝分れしてその先に花をつける。コオニタビラコともいうが、これは近縁の丈高く育つオニタビラコに対して、小型であるところから付けられたものと思う。だが、オニタビラコとは別属であるから、こちらは、ただタビラコと呼んだ方がよいと思う。

このタビラコも春の七草の一つであるが、七草の歌では「ほとけのざ」と呼ばれている。ところが、植物学上でのホトケノザという植物は、タビラコとは無関係のシソ科の植物で、よく混同されて始末が悪い。

以前、某社の大辞典で、春の七草の項を引いてみたら、本文の解説は間違いなく、「ほとけのざ」をタビラコとして解説してあったが、掲載されている写真を見たら、何とシソ科のホトケノザの写真が載っていたことがある。文句を云おうと思っているうちにそのままになってしまったが、その後修正したかどうか、どうなっているだろう。

ホトケノザとは、「仏の座」の意で、仏が坐す蓮台のことである。七草でのホトケノザは、田平子の意のように、その葉が田面に座布団を載せたように茂るのを蓮台に模して付けられたようだし、本物のシソ科のホトケノザは頂葉が蓮台のような重なり具合でつくところから付けられた名のようだ。共通点と云えば、どちらも越年生の一年草で早春に花を咲かせることだが、花期が同じ頃なので、よけいに混同されてしまうのだろう。

七草の寄せ植えを作っていた時、ナズナ、ホウコグサ、ハコベの三種はどこにでも生えているので集めるのは簡単であったが、探すのに一番骨の折れたのがタビラコだった。畑地にはなく、田圃にしか生えない。と云って、どこの田圃にも生えるというわけではなく、まず湿田には見当らず、生えるのは冬場には水のない乾田だけである。土質にも関係があるようで、多くは粘土質の田圃に生え、黒土の田圃には少ない。生えやすい粘土質の乾田でも、どの田圃にでも生えているかというとそうでもない。こちらの田圃には一面に生えていても、隣の田圃にはほとんど生えていないことがよくある。生える田圃には毎年生え、生えない田圃にはいつ見ても生えていない。どうしてそうなるか、かなり微妙な環境の変化に極めて神経質な植物なのだろうか。お陰で、七草の寄せ植えを始めてから数年間、生える田圃を探すのに車をあちらに留め、こちらに留め、かなり骨を折った想い出がある。

葉はナズナによく似ていて、慣れないと、見間違えやすい。ナズナ同様に根生葉には深い切れ込みがあるが、裂片の先は、ナズナは針状に尖っていることが多く、タビラコの方は丸味を帯びていてトゲトゲしさがない。葉色も、ナズナよりもやや濃く、寒中には下葉が赤味を帯びることが多い。

昔は、ナズナ同様に、寒中の菜として食用とされていたようだ。ナズナのような独特の香気はないが、けっこう食べられる。

以前、仙台の山野草の植物園を訪れた時、入口に七草の寄せ植えが飾られていた。よく見ると、タビラコがちょっと違う。葉は大振りで、紫褐色の微毛がある。どうやらオニタビラコのようだ。案内をして下さった園長に、そのことを問うと、「いや、実は東北にはタビラコがないので、オニタビラコで代用したんです」とのこと。このオニタビラコは各地の空地、路傍、庭などによく見掛ける雑草の一つだが、タビラコとは別属の植物で、タビラコより大型、花時には五〇センチメートル以上となる茎を伸ばし、茎頂がこまかく枝分れして小さな黄色頭状花を咲かせる。茎葉共に大柄だが、花だけはタビラコより小さく、径一センチメートルにも満たない。花だけ見ると鬼どころか姫である。七草の選にももれ、役立たずの雑草だが、この植物園では、立派にタビラコの代役を果たしていた。

オニタビラコはタビラコの名が付いていても別属の植物だが、タビラコと同属のものに、よく似たヤブタビラコというのがある。田圃にも生えるが、田圃近くの林側などにも生える。タビラコほどは知られていないし、よく似ていて時に区別しにくいが、タビラコより弱々しい感じで、花茎は二〇〜三〇センチメートルとタビラコより伸びる。花が咲き終ると、花を受けるようにつく総苞《そうほう》は閉じて中に種子を蔵するが、タビラコでは閉じた形が長くヤブタビラコは丸い、という相違がある。

最近は稲作制限で畑地に換えられたり、開発によって年々田圃が少なくなってきた。苦労して見つけたタビラコのある田もどんどんとなくなってしまった。寄せ植えをしなくなったので用がなくなったが、何か寂しい気がする。

ホトケノザ

和名：ホトケノザ
科名：シソ科
生態：１年草
別名：サンガイグサ、ホトケノツヅレ、カスミソウ、クルマソウ
学名：*Lamium amplexicaule*

早春の一日、穏やかに晴れた郊外を散歩すると、小川の南向きの土手などに、早春の花々が咲き出す。その中で、一際目立つ赤紫の花が一面に咲いているのに出会うことがある。ホトケノザの花だ。浅い切れ込みのある丸形の葉を、立ち上がる茎に対生につけ、茎の頂きや葉腋《ようえき》に、赤紫色の、サルビアの花を小さくしたような花を輪状に咲かせる。茎頂部や葉腋から突き出るように咲く姿は、春の訪れを喜んで、飛び跳ねているようで何とも微笑ましい。土手や田圃の畔などに群生することが多いが、路傍、空地でもよく見掛けるし、麦畑の中にもよく生える。麦畑などでは伸びる麦と背競べをするように、長く茎を伸ばす。

ホトケノザの名は、対生してつく丸形の葉や、その葉が頂葉では幾重にも重なって、これが恰《あたか》も仏の座、蓮台を連想させることから付けられたと云われる。ところが、厄介なことにもう一つ、この名で呼ぶ草がある。これは春の七草の一つ「ほとけのざ」だ。これは正確にはキク科のタビラコのことで（タビラコの項を参照）、この二つ、全く別種だが、よく混同されてしまう。

ホトケノザには幾つかの別名がある。対生する葉が、立ち上がる茎に段状につくところからサンガイグサ（三階草）とも云うし、このほか、ホトケノツヅレ（仏の綴）とも云うが、これは仏の座と同意であろう。また、カスミソウ（霞草）の別名もあるが、本当のカスミソウはナデシコ科の草花であるから、これも少々紛らわしい名だ。

ホトケノザは、植物学的にはシソ科のオドリコソウ属（ラミウム属 *Lamium*）に属するが、この仲間にはいろいろな種類が世界各地に分布する。代表的なのがオドリコソウで、山野の半陰地に野生して、高さ四〇センチメートルぐらいの茎を直立させて、葉腋にピンクの唇形花を輪生して咲かせる。その花の様子が、笠をかぶった踊子の姿に似るところから付けられたようだ。植物名には時々不粋な名や、おかしな名を付けられたものがよくあるが、このオドリコソウなどは、なかなかしゃれた名前と云える。

このオドリコソウには白花のものもあり、ヨーロッパなどで見掛けるのはほとんどが白花で、しかも、白の斑入り葉のものが多い。わが国でも、西日本にはピンクのものが、東日本には白花が多いという。世界各地に広域に分布するが、平野部からかなり高地まで垂直にも広く分布するなど、環境に対する適応性が強い植物のようだ。

オドリコソウは広域に分布するとはいうものの、ホトケノザのように身近にどこにでも群生するというわけではないし、昔に較べると見掛けることが少なくなったようである。ところが、これに対して同じ仲間で、ホトケノザ同様、土手、畔、畑地などに、ちょうど同じ頃、密生して群がり咲く、ピンクの可愛い花を咲かせる野の草がある。その名はヒメオドリコソウ。

過日、庄内地方へ出掛けたおり、かの羽黒山麓、維新後、旧庄内藩士の授産事業として開拓された松ヶ岡開墾場を訪れた。桜の名所として知られ、花時には、花見の客で賑わうし、本陣や、開墾当時に建てられ、未だに残る古めかしい蚕室を見学する人も多い。私が訪れた時は桜も花が終り、葉桜となっていたが、近くに多い桃畑には、桃の花が真っ盛り。

この一帯、庄内柿の産地であるほか、桃の産地でもある。その桃畑の下一面に、ヒメオドリコソウが絨緞を敷きつめたように生え、ほのかにピンクがかる褐色の頂葉の色合いが、桃の花の色が映し出されたようで、実にのどかな春景色を演出している。葉腋に、ピンクの小さな花がちらちらと覗くのも微笑ましい。桃畑の雑草であろうが、雑草もこうなると悪玉とばかり云えない。オドリコソウは、元々わが国に野生していたものだが、このヒメオドリコソウの方は、ヨーロッパから古く渡来し、野生化した植物だ。最近は諸外国との交流が盛んになると共に、新渡来の帰化植物がやたらと多くなっていて異端者扱いにされる。けれども、中には帰化植物だヨ、と云われないと解らないほど、わが国原産の植物然としているものがよくある。ヒメオドリコソウなどもその一つだ。

この仲間で、忘れがたい印象を残したのが、トルコで見たオドリコソウの一種。有名なカッパドキアへの入口の町となるアクサライの近く、小さな丘全体が赤紫色に染まっているではないか。車を留めて近寄ってみたら、何と丘全体、一種類のオドリコソウの大群落である。色合いはホトケノザと同じ鮮やかな赤紫色、花はホトケノザよりも大きく花付きも多い。即、花壇用草として使えそうだ。ところがそれから数年後、同じ時期に期待して訪れてみたら、咲くには咲いていたが、ちらほらとしか咲いていない。やはり植物界にも栄枯盛衰があるのだろうか。

早春の野辺に咲くホトケノザやその仲間、雑草扱いにするには惜しい愛すべき野の花である。

オオイヌノフグリ

和名：オオイヌノフグリ

科名：ゴマノハグサ科

別名：ヒョウタングサ、テンニンカラクサ

生態：越年生１年草

学名：*Veronica persica*

まだ冷たい風に思わず身震いする日のある朝早く、南面の畔や土手などに、空色のカーペットを敷きつめたように咲くオオイヌノフグリの姿は、春の訪れを告げる早春の風物詩だ。近寄ってみると、小さな四弁の花が、陽を受けて瞳を開くように咲く姿が何とも可愛らしい。春空を映したような空色の花は、芯が白く抜け、これがよきアクセントとなって、より愛らしく目に映る。

まことに愛らしき野の花だが、その姿の愛らしさとは裏腹に、イヌノフグリ（犬の陰嚢《ふぐり》）という口憚《くちはばか》る名が付けられている。実際にその果実を見ると、まさに犬の陰嚢そっくりの形をしていて妙に感心させられて、思わず笑ってしまう。何と単刀直入な名であろう。その名の謂われを聞かれると、大人ならばともかく、子供や特に若い女の子などには何と説明してよいやら困ってしまう。もっとも、近頃の子供や若い女の子は、ずばり説明しても、ハハハと笑うだけで別に恥ずかしがりはしないかもしれない。照れてしまうのはこちらの方だけだ。

この奇妙なイヌノフグリなる名を付けられた植物は数種あり、ただのイヌノフグリという種類はわが国の在来種。最近はかなり野生が少なくなり、茎は地を這うようにして茂り、オオイヌノフグリに似たやや切れ込みのある小さい花をつける。花は淡いピンクに赤紫色のすじ入りの花だが、ごく小さく目立たないため、とかく見逃しやすい。このイヌノフグリの実はもっとも「犬の陰嚢」によく似ており、学名をウェロニカ・カニノテスティクラタ（*Veronica caninotesticulata*）と云う。この種名のカニノテスティクラタは「犬の睾丸」という意味で、まさに、そのものずばりの学名である。

　もっとも多いのがオオイヌノフグリで、各地どこにでも見られて群生し、この仲間では花がもっとも美しい。在来植物然として野生しているが、元来はヨーロッパ原産の帰化植物で、繁殖力旺盛のため、あっという間に各地に広まったようだ。これと同じようにヨーロッパ原産で、明治時代初め頃渡来し、各地に広がって野生化したものにタチイヌノフグリというのもある。オオイヌノフグリが地を這って茂るのに対して、こちらは茎が直立して立ち上がるのでこの名がある。花はオオイヌノフグリに似た青い花だが、より小さく、葉腋《ようえき》にかくれたように咲くのであまり目立たない。花時はオオイヌノフグリよりやや遅く咲く。

　オオイヌノフグリは普通には青い花を咲かせるが、稀にピンクの花を咲かせる株を見掛ける。若い頃、東京農大の遺伝育種学研究所で育種の勉強をしていた頃、研究所のあった馬事公苑近くは、まだ畑が多く、春になると至る所にオオイヌノフグリが咲いていた。よく見ると、株によって花のやや大きいもの小さいもの、花色にも、一寸見では同じようだが、多少の濃淡があり、時にピンクの花のものがある。見ているうちにすっかり興味を覚え、一つ、これを改良して園芸化したら面白いだろう、と思い始めた。それからというもの、暇をみては、花の大きいもの、花付きのよいもの、色変わりのものと探しては、採集を始めた。

　ちょうどその頃、パンジーの品種改良に取り組んでいて、交配やタネ採りに忙しい季節、採集してきたオオイヌノフグリの株は鉢植えにして、種子が熟してきたら採るつもりでいたが、パンジーの採種に追われて、気がついた時には、種子はほとんど飛び落ちて採り損なう始末。すっかり気抜けしてしまい、オオイヌノフグリ改良の夢も、一年、否、数カ月で消えてしまった。次の年に再び採集し直そうとも考えていたが、意欲が薄れて遂にそのままになってしまった。今になって、オオイヌノフグリを見る度に、あの時、改良の手をつけておけば、新しい園芸種が出来たのではないかと悔まれる。

イヌノフグリの仲間はクワガタソウ属（ウェロニカ属）と云い多くの種類があって、中にはルリトラノオやヒメトラノオのように、長穂状に花を咲かせるものがある。いずれも四弁の菱形の小花を開き、青紫色や白色に赤紫のすじ入りの花を咲かせるものが多い。

わが国にはないが、ヨーロッパで山歩きをすると、オオイヌノフグリの花を大きくし、色濃い青色花を咲かせる山草によくお目にかかる。学名をウェロニカ・カマエドリス（*Veronica chamaedrys*）と云い、この仲間では目立って美しく印象に残る種類だ。

クワガタソウ属の「クワガタ」とは、この一族の中のクワガタソウの萼片《がくへん》（四枚）が横から見ると、その二枚が左右に突き出ていて、兜の鍬形に似ているところから付けられたと云われる。

私のオオイヌノフグリの園芸化の夢は実現しなかったが、誰かやってみる人がいないだろうか。もっとも、野辺に群がり咲くその野生の姿を見ると、改良などせずに、そのままの姿でいる方がオオイヌノフグリにとっては幸せかもしれない。同じ頃に咲く赤紫のホトケノザと混生している光景などを見ると、両者共そのままの方がよいように思う。

ムラサキハナナ

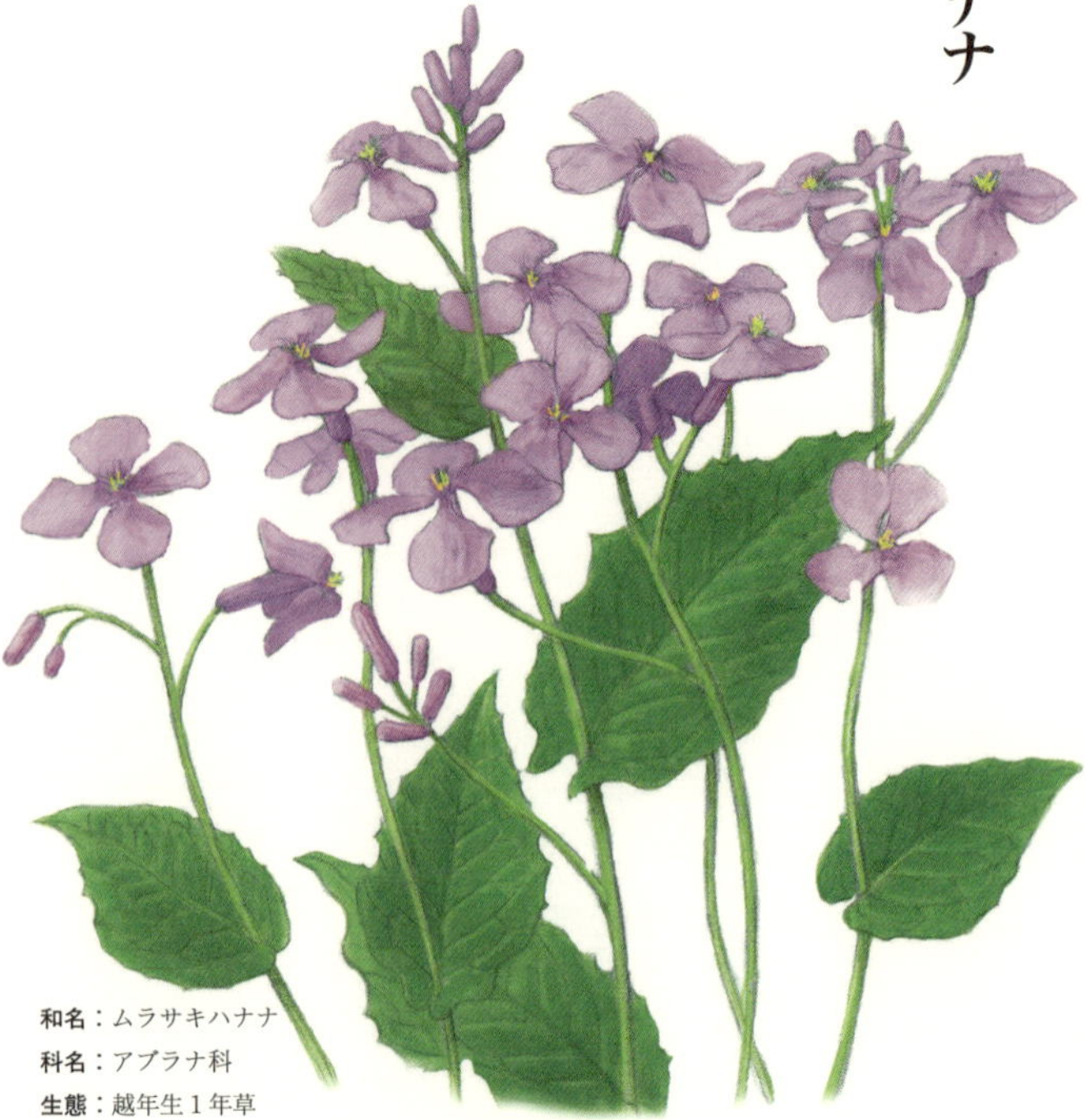

和名：ムラサキハナナ
科名：アブラナ科
生態：越年生１年草
別名：ショカツサイ、ハナダイコン
学名：*Orychophragmus violaceus*

小金井街道のバイパスとして造られた新小金井街道というのがある。現在、甲州街道から旧青梅街道まで通じているが、この街道沿い、区間によって植えられている街路樹の種類が違う。この中で、東八道路の交叉点から五日市街道に至る約二キロメートルは両側、ヤマザクラが植えられていて四月の花時には車で通ると、花のトンネルとなる。昔から、花小金井という地名があるように、「小金井といえば桜」というほどに、五日市街道沿いの、いわゆる小金井堤のヤマザクラが有名である。たぶん、そのようなことから、新小金井街道にもヤマザクラを街路樹として植えたのだろう。ちょうど、ヤマザクラが咲く頃、途中の貫井《ぬくい》トンネル近くの栗林の下一面に、藤紫色の花が、それこそ花の絨緞を敷きつめたように咲き、街道の桜の花と共に、麗しい春景色を醸し出している。この藤紫色の花の正体、それがこのムラサキハナナである。

この植物は、元々中国原産のアブラナ科の越年生一年草で、中国の諸葛菜をそのまま音読みをしてショカツサイと呼ばれるが、ハナダイコンともオオアラセイトウとも呼ばれ、園芸的にはムラサキハナナという名が付けられている。ショカツサイはちょっと堅苦しいし、ハナダイコンは大根の花と間違えられやすい。オオアラセイトウのアラセイトウとは切り花として広く用いられるストックの和名だが、ストックの仲間ではなく、馴染みやすい名前とは云えない。その点、園芸名のムラサキハナナ（紫花菜）は、この花の美しさを表現した実に相応しい名前だと思う。

明治時代に既に渡来していたようだが、帰化植物として広く野生化し出したのは太平洋戦争後で、それまでに入っていたものが野生化したとも、戦争で中国へ行っていた人が、この種子を戦後持ち帰り、これが急速に野生化したという説もある。いずれにしても戦後急速に野生化したのは事実で、特に東京を中心として広がったようだ。都内でもあちこちに野生化し、春になるとその藤紫の花が、私達の目を楽しませてくれる。中央線の東中野駅近くの沿線沿いの土手や、千鳥ヶ淵の土手などでは、野生化した菜の花と入り混じって咲いているのが見られる。黄色と藤紫色とが混ざって咲く光景は、その彩りが若々しく明るく、いかにも春の粧《よそお》いという感じだ。

以前、東京湾の埋立地に、何か花の咲くもので、丈夫でよく殖えるものはないか、と聞かれたことがある。とっさに思いついたのがこのムラサキハナナ。花が美しく切り花にもなるし、種苗会社でも種子を扱っているため奨めたことがある。その後、実行したかどうかは確かめていない。もし、埋立地に群生しているところがあれば、この時に種子を播いたものの子孫かもしれない。

ムラサキハナナは驚くほどよく殖える。咲く花、咲く花、よく結実して一株でかなり大量の種子をまき散らし、しかもよく発芽する。一株あると数年後には雑草のように殖えて群生するようになる。花が美しくなければ雑草として抜き捨てられてしまうだろうが、花が美しいので抜きとられずに残る。殖えるわけである。やはり、美人は得をする、ということか……。

花が美しいので、園芸植物としても扱われ、種苗会社から絵袋詰めでその種子が売られているが、近頃はどこにでも生えているためか、わざわざ種子を買って播く人は少ないようだ。群生地へ行ってよく見ていると、花の色にかなり濃淡があるし、赤花ではないが、赤っぽい色をしたもの、反対に、稀ではあるが、白花も見つかって、かなりの変異が見られる。園芸的に手を加えたら、幾つもの園芸品種が出来そうだが、まだ手をつけられていないようだ。

このムラサキハナナ、花が美しいので観賞用として用いられるが、一方、この若苗はひたし物などにすると、ちょっとホウレンソウに似た味がしてけっこういける。野菜化しても面白いだろう。人間も食用に出来るが、モンシロチョウに似て、白地に黒すじの入るスジグロシロチョウもこの葉を好んで食べる。モンシロチョウはキャベツが大好きだが、ムラサキハナナは好みでないらしい。反対にスジグロシロチョウの方は、キャベツよりもムラサキハナナの方が好きなようだ。ごく近縁の蝶だが、好みが違うというのが面白い。

新小金井街道沿いのムラサキハナナの大群落は、ちょうどヤマザクラの花時と相俟って、そのソフトな藤紫の花がヤマザクラの深い桜色とよく調和して、心温まる光景を演出してくれた。残念なことに、このムラサキハナナのあった栗林、時代の趨勢か、売られてしまったようで、栗林が伐られ、建物が建ちつつある。毎春、通る度に目を楽しませてくれたこのムラサキハナナの群落も、これからは見られない。何とも惜しいことだ。

帰化植物というとかく悪玉扱いにされるが、このムラサキハナナが悪玉扱いにされたという話は聞いたことがない。やはり美しい花なるがためか。

タネツケバナ

和名：タネツケバナ
科名：アブラナ科
生態：越年生1年草
別名：タガラシ
学名：*Cardamine flexuosa*

春の野辺は実に楽しい。スミレの花が咲き、土手にはツクシが頭を擡《もた》げ、赤紫のホトケノザ、空色のオオイヌノフグリと、いろいろな野の花が春を飾る。田起し前の田圃にも、いろいろな花が咲く。田面《たのも》をうす黄色く染めるタビラコと共に、こまかい白い小花を咲かせ、遠目にはうっすらと田面を白く染めるように咲くのがこのタネツケバナだ。

タビラコの方は、どの田圃にもあるとは限らない。むしろ、生えない田圃の方が多い。これに対して、タネツケバナはたいていの田圃でお目にかかるほど、わが国全土に分布している。いわば、田圃の雑草の一つだが、この花、何か人の心を惹きつけるところがある。小型の葉をあらくつけ、株元より何本も出る茎は一五〜二〇センチメートルほどに立ち上がって、その頂きに、小さな白い十字形花を咲かせる。花はごく小さいが、大株では群がって咲くため、群生すると、田面が淡雪をかぶったように白くなる。田圃に多いが、時に畑地にまで侵入していることもある。

タネツケバナの名は、「種漬花」の意で……、と云っても何のことか解らないかもしれない。ちょうどこの花時が、発芽をよくするために、稲の種籾を水に漬ける時期に合致するからだという。いかにも、稲作国のわが国らしい名の付けようだ。タビラコも同様だが、田起しが始まり、水田に水が張られる頃には全く姿を消してしまう。こぼれた種子は、秋まで、田土と共に水漬けにされている筈だが、この間、芽も出ず腐りもせずに生き続けるのだろう。稲刈りが終り秋が訪れると、それまで水漬けで眠っていた種子が芽を出して育ち始め、寒さにも負けずに冬越しをして、春の訪れと共に再び花が咲き出す。これが水田に生える越年生一年草の生活パターンである。

タネツケバナはアブラナ科のタネツケバナ属（カルダミネ属 *Cardamine*）の代表種だが、この一族には世界中に多くの種類がある。

別名をタガラシとも云うが、タネツケバナを大柄にしたようなミズタガラシは水辺などの水湿地に生え、夏に咲くオオバタネツケバナは名のように葉が大柄で、辛味があって、地方によっては食用にもされると云われる。これも水辺の植物の一つ。いずれも水湿地の植物かというと、ジャニンジンやマルバコンロンソウのように山地に生えるものもあるし、中にはミネガラシのように、山登りをして高山の頂きを居とするものもある。これらはいずれもわが国の野生種。

北欧から中欧にかけて、初夏の頃に山歩きをすると、日当りのよい湿原や小川の辺りなどに、優しいピンクの花を、三〇センチメートルほどに立ち上がる茎頂に咲かせているのを見掛けることがある。時に群生して、遠目で見るとピンクの絨緞を敷きつめたようなところもある。カルダミネ・プラテンシス（*Cardamine pratensis*）の花だ。これはヨーロッパだけでなく、アジアから北アメリカに至るまでの広域に分布する植物の一つである。咲き終りの頃にはピンクの花が白っぽくなるが、なかなか美しい花で、印象に残るワイルドフラワーだ。

わが国に自生するタネツケバナ属のものはいずれも白花だが、ヨーロッパなどにはプラテンシス種のようにピンクの花を咲かせるものがよくある。山の林側のような半日陰のところでよく見掛けるペンタフィルロス（*pentaphyllos*）という種類は大型で、草丈五〇センチメートル以上に伸び、「五枚の葉」という意味のペンタフィルロスの名のように、五小葉を掌状につける特徴のある葉を茂らせる。花もこの仲間では大きく、わずかに紫味を帯びたピンクの四弁花を茎頂に、やや傘形をなして咲かせる。プラテンシス種の方は、何となくナヨナヨとして女性的だが、こちらの方はどちらかというと逞しい感じがある。

タネツケバナ属ではないが、これに近いグループにオランダガラシ属（ナストゥルティウム属 *Nasturtium*）というのがある。その代表種がオランダガラシ、一名ミズガラシ、と云っても解らなければ、クレソンと云えば誰もが肯く。ピリッとした辛味がサラダや肉料理の付け合せにすると、特有の味わいがあって好む人が多い。元々ヨーロッパ原産の常緑多年草で、清流の辺りに群生する性質がある。明治の初め頃に渡来し、栽培もされるが、今や各地の渓流、清流の辺りに野生化して帰化植物とは思えないほどだ。葉はタネツケバナの葉を大柄にして丸っこくした感じで、横臥する中空の茎に互生してつける。春から初夏へかけて白い十字形小花を茎頂に、タネツケバナより、より密につけ花時にはけっこう美しい。学名のナストゥルティウムとは「鼻が捩れる」という意味で、その辛味によるからだろうが、鼻が捩れるほどの辛さではない。またこれを英語読みにするとナスターチュームとなるが、園芸的にナスターチュームと称するのは全く別種のノウゼンハレン科のキンレンカのことで、どうしてオランダガラシの属名と同じ名で呼ばれるかというと、どちらも葉に辛味があって両方共にサラダに用いるからだろう。

ヘビイチゴ

和名：ヘビイチゴ
科名：バラ科
生態：多年草
別名：クチナワイチゴ
学名：*Duchesnea chrysantha*

植物の名前には、よくイヌとかキツネとか動物の名前を頭に付したものがあるが、これはいずれも贋とか、くだらないものという意味に使われていることが多い。その中の一つにヘビという名を頭に付けられたものに、ヘビイチゴというのがある。イチゴに似てイチゴに非ずというわけだ。少々差別用語的な名を付けられたこのヘビイチゴ、わが国全土に分布していて、田の畔や野原、畑、道端でもよく見掛ける馴染み深い野草の一つである。

四〜五月、春爛漫の頃、浅い切れ込みのある鋸歯小葉を三枚、イチゴの葉を小振りにしたような葉をつけ、地を這うように茎を伸ばす。春の陽を受けて咲くその花は、形は似るが、白いイチゴの花とは違って黄色く可愛い花を咲かせて意外に目立つ。花後実る果実は小さな球状で、真っ赤に色付き、これまた、よく目立つ。イチゴの実を小さくしたようで目につくが、イチゴのような艶はなく、表面に小さな瘦果《そうか》を粒状に散りばめたようにつける。普通の果実の場合、種子は果実内部にあって、果実自体は子房が発達したものだが、このヘビイチゴや普通のイチゴの果実の肉質部は、花びら、雄蕊《おしべ》、雌蕊がつく花の付け根の花托《かたく》部が発達して果実状になったものである。従って、種子に見えるのが瘦果と呼ばれる果実で、これが授精した子房ということになろう。そして、ヘビイチゴのこの瘦果には、よく見ると皺があり、真っ赤に色付く。花托が発達した果実状部は淡紅色で内部は白く、海綿状にフカフカしている。真っ赤に見えるのは、この瘦果の色付きによるものだ。

このヘビイチゴの実に毒があると云われることがあるが、実際には全くの無毒で、食べても中毒することはない。ただし、外見はいかにも美味しそうに見えるが、味も素っ気もない代物だ。「人は食べないが、蛇が食べる苺」という語源説もあるが、蛇が食べる筈がない。やはり贋の苺と考えるのが正しいだろう。

この仲間はヘビイチゴ属（デュケスネア属 *Duchesnea*）と云い、ヘビイチゴのほかヤブヘビイチゴというのがある。ヘビイチゴに似ているがより大柄で、住処が異なり、林縁の藪などの半陰地に好んで生える。ヤブと名付けられる由縁である。葉色が濃く、果実はヘビイチゴより光沢がある。ヘビイチゴは痩果に皺があるが、こちらにはない。

同じヘビイチゴの名が付いているものに、シロバナノヘビイチゴがあるが、これはヘビイチゴの仲間ではなく、食用とするイチゴと同属のオランダイチゴ属（フラガリア属 *Fragaria*）のもので、わが国の山地に広く野生する。花はイチゴ同様に白花で、イチゴの果実を小さくした楕円形の液果をならせ、よい香りがして、食べられる。

若い頃、上州赤城山の植物を調べようと、毎年のように出掛けた。常宿としていたコテージ式の山小屋へ、食糧がなくなるまで泊まり込んで、山々を歩き廻って植物を調べていたが、その時の楽しみの一つが、このシロバナノヘビイチゴの実を摘んで食べることだった。野生しているところでは小群落を作っていることが多く、小さな実だが、群生地ではけっこうな収穫となる。果実が小さいので、普通のイチゴを食べるように食べではないが、その香りが素晴らしい。始めのうちはそのまま食べていたが、ある年、思いついて寒天を持って行き、ゼリーを作り、これに果実を封じ込めてみた。半透明のゼリーに赤い実の映りがよく、いかにもうまそうだ。山歩きをして渇いた喉に、渓流の水で冷やしておいたこのゼリーの味わいは今でも想い出す。このシロバナノヘビイチゴによく似た同属種に高山帯に野生するノウゴウイチゴというのがあり、この果実はシロバナノヘビイチゴより美味しいというが、残念なことに未だに食べたことがない。野生地が異なることと、シロバナノヘビイチゴは花弁が五枚だが、ノウゴウイチゴの方は花弁数が多く七〜八枚あることが相違点だ。

ヘビイチゴの名の付くのはこのほか、キジムシロ属（ポテンティルラ属 *Potentilla*）のものに幾つかある。この仲間は大変多くの種類があり、ヘビイチゴによく似た黄色花のものが多く、時に間違えることがあるが、果実は赤くならない。山地原野の湿地などに茎がつる状に這い廻って茂るヒメヘビイチゴ、田の畔などに同じように茎が這って茂るオヘビイチゴはヘビイチゴより大柄で、花時は五月頃とヘビイチゴより遅い。これなどは、同じような環境のところに生えるので、花だけ見るとヘビイチゴに間違えやすい。

都市部では田畑が少なくなってしまったために、昔ほどヘビイチゴを見掛けることがないが、ちょっと郊外へ出れば必ずお目にかかれよう。名前の先入観がよくないので、とかく好まれないようだが、早春に咲くその花はなかなか可憐であるし、花後の真っ赤で丸い実もよく見れば、野の草々の彩りとして大いに役立っているようにも思う。

レンゲソウ

和名：レンゲソウ

科名：マメ科

生態：多年草

別名：レンゲ、ゲンゲ

学名：*Astragalus sinicus*

春の田面《たのも》を彩る花と云えばレンゲソウの右に出づるものはない。春の陽を受けて、一面に咲く紫紅色の花の波は、まさに春の風物詩と云えよう。思わずその中へ寝転びたくなるほどだ。その花の咲いた形が蓮を思わせるところから「蓮華草」の名を得た。書物によっては、ゲンゲが正式和名とされていることもあるが、レンゲソウの名の方が馴染み深い。

元来は中国原産の植物で、わが国へは室町時代にもたらされたと云われる。マメ科植物であるため、根に寄生する根粒菌が、植物にとって大切な栄養素の一つであるチッソを固定し、土地が肥えると共に、茎葉は緑肥にもなる。昔は湿田以外では、稲刈り後水田にこの種子を播いて茂らせたものである。そして、春の訪れと共に、美しい花を一面に咲かせたものだが、最近は田圃へ行っても、あまりこの光景にお目にかかれなくなってしまい寂しい気がする。そのようなことからか、稲作のためというよりも観光用に休耕田にレンゲソウを播いて観せているところがあるとか。良いこととは思うが、何か、レンゲソウが客寄せパンダになり下がったようで、ちょっと寂しいような気もする。

漢名は「翹揺」と云い、別名のゲンゲはこの字音によるとも云われるが、わが国では紫《し》雲英《うんえい》の漢名が一般化している。学名はアストラガルス・シニクス（*Astragalus sinicus*）というが、種名のシニクスは「シナの」という意味で、中国原産であることを示す。

レンゲソウは、紫赤色花を繖形《さんけい》状に咲かせ、稀に白花のものもあるが、これは珍しい。この仲間、ゲンゲ属（アストラガルス属）には、山地原野で見られるうすい黄緑色花を咲かせるモメンヅルのほか、富士山で見られるムラサキモメンヅル、中部以北の高山に分布するリシリオウギなど、わが国にも数種があるが、ユーラシア大陸から北アメリカへかけていろいろな種類が分布する。レンゲソウは繖形状に花をつけるが、穂状に花をつけるものが多い。

アラスカの夏は一気に訪れ、六月下旬から七月中旬の間にいろいろな花が一斉に咲き、フラワー・ウオッチングには最適の季節だ。この季節、ロードサイドに咲く花の中で、あまり目立つことなく、ひそやかに咲く花に、アルパイン・ミルク・ヴェッチ（Alpine Milk Vetch／学名アストラガルス・アルピナ *Astragalus alpina*）というのがある。丈低く茂り、うす紫の花を咲かせる。これもゲンゲ属の一種で北欧からアルプスへかけても分布する。アルプスでよく見掛ける同属のパープル・ヴェッチ（Purple Vetch／学名アストラガルス・プルプレウス *Astragalus purpureus*）は紫赤色花を咲かせ、花容もレンゲソウに似ている。アルプス一帯でレンゲソウそっくりの花をよく見るが、これはゲンゲ属ではなく、クローバーの仲間、シャジクソウ属（トリフォリウム属 *Trifolium*）の植物でアルパイン・クローバー（Alpine Clover）と云う。葉がゲンゲ属では奇数の羽状複葉であるが、こちらは小葉が三枚（属名のトリフォリウムは三つ葉の意）なので区別がつく。また、北海道にチシマゲンゲというのがあり、鮮やかな桃紅色花を咲かせるが、これはゲンゲ属ではなく、別属のヘディサルム属（*Hedysarum*）の一種で、北アメリカからヨーロッパの山岳地へかけて広域に分布する植物の一つだ。

レンゲソウは、稲作用に田を肥やし、肥料として大きい役割を果たしてきたし、春の風物詩として私達の目を楽しませてくれたが、その蜜は極めて良質で、養蜂家にとっては蜜源植物として欠かせない存在ともなってきた。レンゲソウの花時を追って、南から北へと旅をする。レンゲの咲く田が少なくなってきた昨今、その採蜜量も著しく減ってしまったのではなかろうか。

レンゲソウは本来は多年草であるが、その株は田起しと共に田の中へうない込まれてしまう。そのため、農家では秋に種子を播くことが多いが、生き残った株が次の年、再び花を咲かせることもある。一面に咲くというよりも、点々と咲いている田があれば前年の残り株が咲いていると思ってよい。

花がきれいなので、草花として鉢植えなどにして楽しむことも出来るし、これの吊り鉢仕立てにしたものなどはなかなかしゃれている。

昔、私の子供の頃は、ちょっと郊外へ出ると、春と共にレンゲの花咲く光景を見ることはごく普通のことであった。この頃になると、休みの日などには、一家そろってレンゲ摘みへ出掛ける家族も多かった。今のように、レジャーランドなどが少なかったその頃の春は、田園地帯はかっこうのピクニック・ランドである。弁当持ちで出掛け、うららかな春の陽を浴び、男の子は小川で目高《めだか》や泥鰌《どじょう》掬《すく》いに喚声を上げ、女の子はレンゲの花摘みに余念がない。摘んだ花を輪に編んで花冠を作る。何とのどかな幸せな光景であろうか。このような光景がごく普通に見られたことなど、今になっては夢のようである。

帰化植物の一つに数えられるが、このように役立つ帰化植物は少ないだろう。

タンポポ

和名：タンポポ

科名：キク科

生態：多年草

別名：カントウタンポポ、アズマタンポポ

学名：*Taraxacum platycarpum*

春の野に、もしタンポポがなかったらどうだろう。元々なければどうということはないかもしれないが、子供の時から目に親しんだ花として寂しい限りだ。

道端に、空地に、あの黄金色の花が咲き出すと、いよいよ春である。特徴のある切れ込み深い根生葉を広げ、株元から直接、花茎を伸ばして、八重咲きの小菊状の花を咲かせる。花が終ると、総苞片《そうほう》に包まれたその果は下を向き、やがて種子が成熟すると、花茎は再び上向きになって、一つ一つの種子の先につく毛が開いて丸い毛玉状となる。風に当ると、その毛玉はほぐされて、種子は春風に乗って飛ばされ、分布を広めるための旅路につく。それはシャボン玉が風に乗って飛び去ってゆく趣きとよく似ている。シャボン玉の方は、やがて、はじけて消えてしまうが、タンポポの種子はどこかへ着地して芽を出し、己が種属を次世代につなげる。

現在、わが国に野生するタンポポは、二つのグループに大別できる。一つは、わが国の固有種でニホンタンポポと総称される。野生地域によって微妙に異なるため、細かく分けると、この中にもいろいろな種類があるが、もっともよく見られるのが、関東を中心とした地域に多いカントウタンポポで、ニホンタンポポ一族の代表格というところ。中部以西には、タンポポ類には珍しいシロバナタンポポという、白い花を咲かせる種類が多い。

戦中、戦後へかけて、栃木県の農事試験場に勤めていたおり、県南の足利市南にある山辺村一帯に、このシロバナタンポポが多くあることを聞き及び、見に行ったことがある。元来、シロバナタンポポは関東にはない筈の植物だ。何故、山辺だけに多くあるのか、不思議なことだ。何故だろうと考えるうちに、一つのことが思い浮んだ。山辺の北隣は足利である。この足利というところ、足利学校があるなど、古い歴史を持つ町で、京との行き交いがあったところだ。その頃に、何らかの形でこのシロバナタンポポの種子が入ってきたのが、山辺一帯に野生化したものではないか。これは私の勝手な想像だが、その可能性はあるものと思う。ところが近年、シロバナタンポポを関東のあちこちで見掛けるようになった。これは多分に、道路網と輸送の発達によるようで、トラックなど車についた種子が運ばれてきたと考えられる。幹線道路周辺でよく見掛けると云われるが、これなどその証拠の一つと云えよう。

　この春、わが家の畑の片隅で、シロバナタンポポが咲いているのを見つけた。何故、わが家へ入り込んだのか、これはどうもよく解らない。

　もう一つのグループは、ヨーロッパ原産で、明治時代に渡来し、猛烈な勢いで野生化したセイヨウタンポポだ。花はニホンタンポポより舌状花の重ねの多い八重咲きで、春の花後もボツボツと長期間花を咲かせ、受粉しなくとも種子をつけるなど、その繁殖力はすさまじく、お陰で、在来のニホンタンポポが駆逐されて激減してしまったと云う。そのために、セイヨウタンポポはすっかり悪玉扱いにされてしまっている。

　六月に入ると、スイス・アルプスの山麓一帯は黄金の波に覆われる。セイヨウタンポポの大群落だ。その美しさは筆舌につくしがたい。生れ故郷で見るその光景は、わが国で悪玉扱いにされるのが申し訳ないほどだ。

　わが国のタンポポは、このセイヨウタンポポに置き換わってしまったが、近頃は、本来のセイヨウタンポポよりも、その後入ってきた種子が赤味の強いアカミタンポポの方が勢力を強めている。これは花がやや小振りで、重ねもややうすい。いずれにしても、このグループのものは、ニホンタンポポでは総苞片は立って真っ直ぐに伸びるが、セイヨウタンポポの方は外側に反り返るので、この部分を見れば簡単に区別がつく。ただし、シロバナタンポポはセイヨウタンポポほどではないが、やや外側へ反り返る。国産のものには、このほか、東北や北海道に多いエゾタンポポというのがあるし、北海道には、タカネタンポポやクモマタンポポなどの高山性の別種もある。

タンポポの名は、種子につく冠毛が球状になる様子が、拓本に使うタンポに似るところから付けられたという説が一般的。英語ではダンデライオン（Dandelion）と云うが、葉に鋸歯状の深い切れ込みのあるのをライオンの歯に見立てたものだろう。ヨーロッパでは、この葉をサラダとして利用し、フランスにはサラダ用葉菜として改良品種まである。わが国に入ってきたのも、食用としてもたらされたのが始まりらしい。葉を食用とするほか、その根を煎って代用コーヒーとされたこともある。

最近、すっかり減ってしまったニホンタンポポを再び見掛けることが多くなったということを聞く。ニホンタンポポ復活の兆しかと思っていたが、環境省が全国から八百株以上の標本を取り寄せてDNA分析を行ったところ、八五％がセイヨウタンポポと在来種との雑種だったという調査結果が出た。やはり、ニホンタンポポ存続の危機は去っていないようだ。

いずれにしても、タンポポは春には欠かせない花であるには違いない。

ムラサキサギゴケ

和名：ムラサキサギゴケ
科名：ゴマノハグサ科
生態：多年草
学名：*Mazus miquelii*

春の田圃の畔には、いろいろな野の花が咲いていて、それらを訪ねてみると面白い。その中に、べたっと、苔のように張りついて茂り、ピンクがかったうす紫の、扁平な唇形の小花を咲かせる花がある。上から見ると、その花は、鳥が翼を広げている形にちょっと似ている。ムラサキサギゴケだ。コケの名は付くが苔ではなく、ゴマノハグサ科の多年草である。草姿の地面に張りつくように茂る姿が苔を思わせるので、この名が付けられたのだろう。

ムラサキサギゴケのサギは、もちろん鳥の鷺のことで、上から見た花容を鷺の飛ぶ姿に模したものだろうが、鷺というよりも、その姿は小鳥が飛ぶ姿に近い。その点では、わが国の湿地帯に野生する、ランの一種のサギソウの方が、白鷺の飛ぶ姿にそっくりで、ムラサキサギゴケの方はちょっと首をかしげる名の付け方だ。

略して、単にサギゴケと呼ぶこともあるが、これは、この白花種に付けられたもので、紫色花種は、正しくムラサキサギゴケと呼びたい。考えてみれば、白花種に付けられたのがサギゴケという名であるから、白鷺の飛ぶ姿になぞらえた命名も肯けないことはない。

このムラサキサギゴケ、株元より多数の匐枝《ふくし》を出して地を這うようにして茂り、その先々へ根を下ろすため、地に張りついたようになる。そして、この匐枝の先々に子苗を作る。ちょうどイチゴと同じような殖え方をする。そのため、大株に広がると、どこが本来の株元だか解らなくなるほどだ。種子もなるが、あまり発芽しないそうで、その繁殖は専ら匐枝に出来る子苗によるようだ。もし、種子がよく芽を出すとしたら、たちまち大群落を作ってしまうだろう。実際に田の畔一面に群落を作るというよりも、点々と小集落状に生えていることが多い。

この仲間、サギゴケ属にはよく似たものにトキワハゼというのがある。常緑性で、ムラサキサギゴケは春しか花を咲かせないが、こちらの方は、早春から晩秋まで咲き続ける四季咲き性をもつ。長期間咲き続けるため、ムラサキサギゴケのように一度に沢山の花をつけないことと、花は上弁外側は赤紫色味を帯び、翼状に開く唇弁は白っぽく、花も小振りでムラサキサギゴケほど目立たない。田の畔だけではなく、空地や畑、道端など、どこにでも生えてくる。また、株元から何本もの茎を出すが、ムラサキサギゴケのように匐枝とはならない。従って、繁殖は専ら種子が飛び散って殖える。ムラサキサギゴケの種子が発芽しにくいのに対し、こちらの方はよく発芽するのだろう。トキワハゼのトキワは「常盤」の意、常緑で、しかも四季咲き性があるためで、ハゼは、「爆《は》ぜる」の意で、その果実が熟すると、爆ぜて種子をまき散らすからと云われている。また、ウルシの仲間にハゼノキというのがあるが、このハゼとは全く関係がないし、ハゼの語源も、ハゼノキのハゼは、古名ハジが転化したものと云われ、この点も、トキワハゼのハゼの語源と異なる。

ムラサキサギゴケ、トキワハゼ共、ほぼ日本全土に分布している、ごく普通に、どこにでも見られる野草だ。ムラサキサギゴケの方は、春しか咲かない一季咲きだが、花付きがよく、花時にはけっこう美しく、野の花の中では観賞価値が高いものの一つだ。そのためか、最近、これを小鉢植えにしたものが、園芸店で売られていることがある。紫や白花のほか、時にピンクのものもある。園芸植物というよりも山野草であるため、山野草愛好家の間ではしばしば育てられていて、春の山野草展などでも時々出品されている。中でも白花のサギゴケは純白でやや大振りの花が美しく、これにはサギシバの別名がある。野生のものは多くが田圃の畔だが、栽培してみると、意外に作りやすく、日向はもちろん、半日陰や日陰地でも育つなど、光線に対して適応性が案外広い。

サギゴケ属ではないが、ヨーロッパを旅すると、石垣などに、長くつる状に伸びる匐枝を張りつけるようにしてへばりついて茂り、ムラサキサギゴケをやや小さくしたような、可憐な花を咲かせる野草をよく見掛ける。花容はサギソウというよりもキンギョソウの花をごく小さくしたような花で、花は桃紫色で、中心に黄目があり、上弁は、兎の耳のように立ち、何とも愛くるしい。学名をキンバラリア・ムラリス（*Cymbalaria muralis*）と云い、四季咲き性で園芸的にもロック・ガーデンや吊り鉢用としても使われている。最近、これより大輪で、淡紫色花の改良種も市販されている。

春の野に咲く野草の中で、花の美しいものというと、ホトケノザ、オオイヌノフグリ、レンゲソウ、タンポポ、スミレ、そしてこのムラサキサギゴケなど個性豊かな花々が多いが、いずれも、春の柔らかい陽射しと、春霞によく似合う。もし、これらが夏や秋に咲いたらどうだろう。たぶん、季節感にそぐわないと思う。春には春に似合う花が咲く。それが自然というものだろう。

スミレ

和名：スミレ
科名：スミレ科
生態：多年草
学名：*Viola mandshurica*

春に欠かせない野の花は数多いが、その中で、これこそ春の花、と云えるのがスミレだろう。万葉の歌人、山部赤人の歌に

春の野に　すみれ摘みにと来し我ぞ　野を懐かしみ　一夜寝にける

というのがあるが、この古き時代の人にも、スミレの花はこよなく愛されていたようだ。スミレの仲間は、世界のあちこちに多くの種類が野生するが、わが国には大変野生種が多く、スミレ王国と云ってもよい。いずれも愛らしき花を春の訪れと共に咲かせ、私達の心を惹きつける。

数多いわが国の自生種の代表種が、スミレと名付けられた種類。日当りのよい野道や人里の石垣の裾などに、濃い紫色、いわゆるすみれ色の花を一株で何輪も咲かせ、よく目につく。スミレという名は、スミレ類の総称として使われることが多く、このスミレという種類のことを指すのか、スミレ類の総称として云われているのかよく解らないことがある。サクラソウの名は、固有名であるが、サクラソウ類の総称として使われることが多く、そのために本物のサクラソウをニホンサクラソウと呼ぶことが多い。これと同じようにスミレの場合にも、学名であるウィオラ・マンジュリカ（*Viola mandshurica*）のマンジュリカという種名で呼ぶ人もいる。

スミレによく似たものにノジスミレがあり、これは葉に白い微毛があるので区別がつく。また、葉や花容はスミレに似るが、白花で赤紫色のすじ模様が入るしゃれた彩りのアリアケスミレというのもある。ノジスミレ、アリアケスミレは、いずれも細長い葉を茂らせる

が、マルバスミレのように名の如く丸形の葉をもつものも多い。葉形で変っているのはエイザンスミレやヒゴスミレで、深い切れ込みのある葉をつける。スミレ類には花時の葉は小振りだが、夏になると、嘘みたいに大きな葉を出す種類が時々ある。エイザンスミレの夏葉などは、別種のスミレ？　と思うほどに変身する。

スミレ類には、茎を出さず、根生葉を茂らせ、株元より直接花茎を出して花を咲かせる無茎種と、茎を出してその先に花をつける有茎種とに分けられる。スミレやエイザンスミレ、アリアケスミレ、ノジスミレなどは前者のタイプ。

早春、雑木林の木々が芽吹き始める頃、その下で、藤色の可憐な花を沢山咲かせるスミレをよく見掛ける。タチツボスミレだ。このスミレは有茎種の代表種で、花時には、まだ茎はあまり伸びず、コンパクトに茂って株が花で覆われたように咲いて大変美しい。花が終ると茎が伸び出し、その後は雑草然とした姿になってしまう。このタチツボスミレに似たスミレに、ニオイタチツボスミレというのがある。花はタチツボスミレに似るが、中心部の白目がはっきりとして雄蕊《おしべ》の葯《やく》が黄色く目立つ。

中学生の頃、植物採集仲間の友達が、

「このスミレ、安っぽい香水のようなにおいがするよ」

と教えてくれた。嗅いでみると、なるほど、淡い香りがする。安っぽい香水のにおいとは少々気の毒だが、よい香りのするエイザンスミレやヒゴスミレ（これは特に香りが強い）に較べると、何となく安っぽい香水かナという気もする。

スミレを菫または菫菜と書くが、これは誤りで、菫菜とはセロリのことだそうだ。スミレの語源は、花の横姿が、大工が用いる墨壺の形に似ているからと云われるが、異説もあって定かではない。

スミレの花は、典型的な虫媒花の構造をもつ。下弁の後部は突き出て細長い袋状となり、ここが蜜を分泌する蜜房となっている。雌蕊は花の中心に突き出ていて、その後ろの子房の周囲を五つの葯が取り巻く。飛来した虫は蜜を求めて中へ潜り込む。この時、葯からこぼれ落ちる花粉で花粉まみれとなる。次の花へ移ると、体に付いた花粉が次の花の雌蕊の柱頭に付いて授粉が行われるわけだ。ところが、このスミレ類、春に咲く花では結実することが少ない。種子が出来にくいかというと、さにあらず、夏の頃になると、花も咲かぬのに次々と果実を擡《もた》げて、熟すると果実は三裂して多くの種子を弾き飛ばす。これは蕾の小さいうちに自家授精をして結実してしまうからで、これを閉鎖花というが、スミレ類にはこの閉鎖花を出す種類が多い。

以前、庭にエイザンスミレを植えておいたところ、数年後、とんでもなく離れたところに生えて花を咲かせているのを見つけた。何でこんなところに？　と不思議に思ったことがある。スミレ類の種子の外周は、発芽を抑える物質を含んだ糖質でコーティングされている。甘い物が大好物の蟻はスミレの種子を銜《くわ》えて遠くまで持ち運ぶ。糖質部を嘗《な》め終えると、そこへ落とされた種子は芽を出す、という寸法だ。こうしてスミレはその種属の分布を広めることになる。この可憐なスミレに、天が、このような知恵を授けたのだろうか。

カラスノエンドウ

和名：カラスノエンドウ
科名：マメ科
生態：越年生1年草
別名：ヤハズエンドウ
学名：*Vicia sepium*

畑や花壇などで、株元より何本もの茎を長く伸ばし、羽状複葉の先から巻鬚《まきひげ》を出してからみつき、根ついているものに覆いかぶさるように茂る厄介な雑草の一つだが、いざ抜きとろうとすると、その花の可憐さに、しばし躊躇してしまうのが、このカラスノエンドウだ。

わが国のどこにでも見られるマメ科の野草で、はびこると始末に負えなくなることもあるが、その赤紫色の小さな花は意外と可愛らしく目をひく。赤花のスイートピーをうんと小さくしたような花で、花後、エンドウの実莢《みさや》を小さくしたような莢をならせ、熟すると真っ黒になるところから、カラスノエンドウの名が付けられたという。この実莢は意外に硬く、先端が尖っていて、下手に摑むとチクリと刺さるように痛い。この種子は炒って食べられると云われるが、まだ試してみたことがない。食べられると云えば、欧米では、これを牧草として利用していて、ザートウィッケン（Saatwicken）と云う。学名をウィキア・サティウァ（*Vicia sativa*）というが、種名のサティウァとは「栽培している」という意味があり、これも古くから牧草として栽培されていたからであろう。こうなると、雑草どころか、有用植物ということになる。

因みに、属名のウィキアは「巻きつく」という意味で、この仲間には葉先が巻鬚となって他物にからみつくものが多いことによる。ソラマメも同属の植物だが、これには巻鬚はない。またカラスノエンドウの変種にツルナシカラスノエンドウという巻鬚を持たぬ種類もある。これなど、からみつく鬚がなくどうやって茂るのかと思うが、多数出る茎がお互いに寄り合って立ち上がるという。

カラスノエンドウの兄弟分にスズメノエンドウというのがある。全国各地に、ごく普通に見られる野草の一つで、カラスノエンドウに較べて茎、葉共に細く華奢な姿のために、カラスに対してスズメというわけだ。花も小さく白っぽいこともあって、カラスノエンドウほど目立たない。草取りをしていると、こちらの方は、カラスノエンドウの時とは異なり、ちょっと気の毒だが抵抗感なく抜きとれる。

また、このスズメノエンドウとカラスノエンドウとの中間型のようなカスマグサというのがあり、花容はカラスノエンドウに似て上弁がスズメノエンドウよりよく開き、紫桃色のすじ模様がはっきりと現われる。カラスノエンドウとスズメノエンドウの中間型ということで両者の頭文字をとってカスマグサと云うらしい。

近縁種に、近江の国の伊吹山のみに野生すると云われるイブキノエンドウというのがあり、時にカラスノエンドウと誤称されることがある。だが、これはヨーロッパからの帰化植物で、実莢は黒熟するが、花は淡紫色で、カラスノエンドウほど美しくない。また、花期がカラスノエンドウよりも遅く、初夏に咲く。たぶん、ヨーロッパから輸入した牧草の種子に混じって渡来したものだろうが、何故か伊吹山のみに野生化しているのはどういうわけだろうか。

ソラマメ属（ウィキア属 *Vicia*）には多くの種類があるが、この中で、大変美しいものにクサフジがある。地下茎で繁殖する多年草で、時に大群落を作ることがある。長く伸びる茎は巻鬚によってからみつき、うっそうと茂る。

初夏の頃に葉腋《ようえき》から花梗《かこう》を伸ばして、濃紫色の花を密に穂状に咲かせる。広域に分布する植物のようで、海外へ出掛けるとあちこちでこれの群落をよく見掛ける。時には、山肌一面、紫の敷物を敷きつめたような光景に驚かされることもある。特に、地中海一帯に多い。このクサフジの学名は、ウィキア・クラッカ（*Vicia cracca*）というが、種名のクラッカとは、鳥のカケスのことである。クサフジとカケスにどのような関わりがあるのか、よく解らない。

クサフジの名が付くものに、同属のヒロハクサフジとオオバクサフジというのがある。前者はわが国の中部以北の海岸地帯に野生するところからハマクサフジとも云う。名のように、小葉がクサフジより葉幅が広く丸味を帯びていて、夏に、クサフジに似た赤紫色の花を咲かせる。後者は、小葉は長卵形で大きく、小葉数が二〜四枚と少ない。花はクサフジ同様の美しい濃紫色花を穂状に咲かせる。花時は秋で、秋の山麓や原野に彩りを添える。秋咲きのこの仲間にもう一種、ツルフジバカマというのもあり、クサフジよりも大輪の紫色花を咲かせる。

このように、カラスノエンドウの仲間達、観賞用草花として園芸化されたものはないが、野に咲く花として、けっこう美しいものが多い。わが国ではほとんど利用されていないが、カラスノエンドウは、欧米では牧草として栽培され、クサフジも同様に牧草として利用されているなど、有用植物としての価値も高いし、マメ科植物であるために、レンゲソウ同様に地味を肥やし、緑肥的効果も高いものと思う。有機栽培による自然農法が云々される今日、このようなマメ科植物の利用を大いに考えてみてはどうだろうか。単に、野草、雑草として片付けてしまうには惜しいような気もする。

スギナ

和名：スギナ
科名：トクサ科
生態：多年草
別名：ツギナ、ツギメドオシ、ツクシ、ツクシンボ
学名：*Equisetum arvense*

つくし誰の子　すぎなの子

何か子供の頃を思い出す懐かしい響きがある。

本名はスギナ、その胞子茎がツクシだ。この二つ、別の植物のような気がしてしまうが、地下に張りめぐらせる地下茎によって繋がる同一の植物である。

全国至る所に生える野草の一つで地下に縦横に地下茎を張りめぐらし、かなり深くにまで潜る。その地下茎から、次々と芽を出して、いわゆるスギナと称する栄養茎を茂らせ、畑にはびこると、取っても取っても生えてくる始末に悪い雑草となる。地下茎を掘り出して退治できれば上々だが、縦横にはびこる地下茎のこととて、全部を取り除くのは、まず不可能。少しでも地下茎が残ると、そこからすぐに生えてくる。遂には、こちらの方が根負けしてしまうほどだ。このスギナにしろ、ヤブガラシやドクダミにしろ、地下茎で殖える雑草には全く手を焼いてしまう。生える度に憎らしくなる。スギナもよく見れば、輪生する若緑の糸状の葉に見える小枝は、繊細でけっこう優雅な趣きがあるが、どうしても憎らしさの方が先へ立ってしまう。ところが、その胞子茎であるツクシの方は、何とも憎めない愛らしさがある。早春の、まだ肌寒い頃、土手の斜面にツクシが顔を出し始めると、ああ、春がやってきたと、何か心が弾むのは私のみではないだろう。

袴と称する鞘《さや》に覆われた胞子茎の頂きには花穂に相当する胞子穂を覗かせる。やがて胞子茎は伸びると共に節間が伸びて、その節々に、袴をつけたように鞘が茎をとりまく。その長い楕円形の胞子穂は何となく坊主頭を連想させて微笑ましい。ツクシンボと呼ぶこともあるが、この名の方が単にツクシと呼ぶよりも親しみがある。

子供の頃、東京の町中でも空地にはツクシの出るところがけっこうあり、わが家の庭にも、春早く、他のものにさきがけてツクシが生えてきたものだ。ツクシは佃煮にすると美味しい。母と共に庭に出てツクシ摘みが始まる。袴は硬くモシャモシャするので取り除く。茎を持って袴の付け根に爪を立て、横廻しにクルッとむくときれいに取れる。佃煮にされたツクシが食卓に上る。熱々の炊きたての御飯に、佃煮にされたツクシを数本のせてパクリと食べる。美味しい。独特の歯触りが何とも云えない。春の味である。ツクシとの付き合いは、この母とのツクシ摘みに始まる。子供の頃の懐かしい想い出である。

最近は、都会地ではツクシの出るところがめっきり少なくなったようだが、スギナだけはよく生えてくる。ツクシは痩地によく生え、肥えた土地ではスギナばかり生えると云われるが、それ以外にも原因があるような気もする。また、酸性土になるとはびこると云い、そのため、石灰を撒いて中和させるとよいとも云われるが、ちょっとやそこらではあまり減らないようだ。

アラスカへ旅したおり、アンカレッジの動物園を訪れた時のこと、園内の林側に、巨大なスギナの大群落を見て驚いたことがある。草丈五〇センチメートルもあろうか、こんな大きなスギナは見たことがない。早速、ワイルド・フラワーのガイドブックを調べてみたら、わが国のスギナの学名はエクィセツム・アルウェンセ（*Equisetum arvense*）だが、アラスカのはエクィセツム・シルワティクム（*Equisetum sylvaticum*）となっていて、どうやら種類が違うようだ。さらに調べてみたら、わが国のスギナと同種のもあり、こちらの方が普通にあるらしく、これの胞子茎と思われるツクシも時々見掛ける。

スギナ属には、このほかいろいろな種類があり、研磨材として用いられ、時に庭園にも植えられるトクサもその一種。このほか、栄養茎の頂きに胞子穂をつける、スギナとツクシが同体となるイヌスギナというのもある。こちらの方は食用にはならないようでイヌスギナと云うらしい。これは水湿地に多く生える。

最近、都会地ではツクシがあまり見られなくなったためか、ツクシを小鉢植えにしたものが時々売られている。これはスギナの地下茎を植えてツクシを生やしたのではなく、早春に胞子茎のツクシが地上に頭を出し始める頃に地下茎ごと掘り取って小鉢植えとしたもので、インスタントの鉢植だ。早いうちから、地下茎だけを鉢植えにしても、そのうちにスギナは出てくるが、まずツクシは出てこない。売られている鉢植も、出ているツクシが終れば、まずそれまでで、一時の楽しみということとなる。

スギナとは「杉菜」の意で、その栄養茎の姿から名付けられたもので漢名は問荊《もんけい》と称する。ツクシはわが国では土筆と書くが、中国では筆頭菜と云う。どちらもその姿を筆に喩《なぞら》えたものだろうが、実際に、ツクシが立ち並ぶ姿は筆を立てたようで実感がある。

胞子植物であるスギナは、胞子穂から無数の胞子をまき散らすが、この青味がかった淡緑色の胞子には四本の糸状の鬚があり、息などを吹きかけて湿気を与えるとクルクルッと螺旋状に巻き込む。子供の頃、これが面白く胞子を手の平にはたき落とし、息を吹きかけて遊んだものだ。

フデリンドウ

和名：フデリンドウ

科名：リンドウ科

生態：越年生１年草

学名：*Gentiana zollingeri*

雑木林が芽吹き始める頃、天気の良い日に林下を散策すると、積った落葉の中に、可愛いうす紫の花が寄り合うように咲いているのを見掛ける。フデリンドウの花だ。ちょうどその頃に、同じような色合いで咲くタチツボスミレと共に、私の大好きな春の野の花である。天気が悪いと花が開かぬことが多いので、気付かずに終ることが多いが、陽が射すと開いて存在感を示す。林下にひそやかに咲く何ともいじらしい花だ。

リンドウというと秋の花、というイメージが強いが、この仲間には春咲きのものが何種類かあり、このフデリンドウは、わが国各地で見られるその代表種と云えよう。いずれも草丈一〇センチメートルに満たない小型種が多い。

このフデリンドウによく似た種類にハルリンドウというのがある。フデリンドウは、北海道から九州に至るまで、わが国のほぼ各地で見られるが、ハルリンドウの方は本州中部以南に分布していて関東以北では見られないようだ。また、生えているところが、フデリンドウでは林下や草原に多く、ハルリンドウの方は湿原などの湿っぽいところに好んで生え、群生する傾向があるが、フデリンドウは群生することはあまりなく、多くは点在して生える。花はよく似ているが、フデリンドウの方がふっくらした感じで、ハルリンドウはそれよりもややスリムだ。大きな相違は、ハルリンドウには株元に根出葉があるが、フデリンドウにはそれがない。フデリンドウの名は、蕾の形が筆の穂先に似るためだが、ハルリンドウの方もスタイルは同じである。

両者共、雨天や曇天の日、あるいは夜には花を閉じて開かない。これは、水で花粉が濡れるのを防ぐためだろう。多くの花の花粉は水に濡れると死んでしまう。特にこの花のように上向きに咲かせる花では、一層濡れやすい。おそらく、進化の過程で、このような性質を身につけたのであろう。これも、子孫を残すための、自然の巧妙な仕組みと云えよう。

リンドウ類の多くは多年草だが、フデリンドウとハルリンドウは越年生の一年草で、毎年、種子によって子孫を残してゆく。この二種に近い仲間でもう一種、越年生の一年生種でより小型のコケリンドウというのがある。株元より多数の茎を出して、その先端に小さいうす紫色の花を咲かせる。花色はフデリンドウよりもかなり淡い。五〜八センチメートルほどに伸びる茎には対生する鱗状の小葉を密につけ、その草姿が苔のようなところからこの名が付けられている。

このほか、ハルリンドウの変種に高山帯に野生するタテヤマリンドウというのがあり、白色花のものと、青色花のものとがある。富山県の立山に多いのでこの名があるが、本州中部以北から北海道へかけての亜高山〜高山帯に分布していて五〜六月に咲く。

春咲きのリンドウ類は、草姿、花共に愛らしく山野草愛好家の間で、小鉢仕立てにして楽しまれるが、いずれも二年草であるために、毎年種子を播いて育てることになる。ところが、普通に種子を播くと、コケリンドウは比較的よく発芽するが、フデリンドウやハルリンドウは発芽しにくいと云われる。ラン科植物の種子は無胚乳種子で、天然ではラン菌によって発芽に必要な養分が補給されて発芽するものが多い。そのために、昔はラン菌が寄生している親株の根元や、ランを栽培した用土を用いて、これに種子を播いていたが、現在では発芽に必要な養分を含んだ人工的な培地を用いて播くことが行われている。リンドウ類のタネ播きも、株元に播くとよいと云われることがあるようだが、ラン類と同じような仕組みがあるのかもしれない。

　フデリンドウは、昔は雑木林などへ行けば、ごく普通に見られたが、最近はその姿を見ることがめっきり少なくなったような気がする。特に都市近郊の雑木林が、開発によって多くが失われたことにもよるのだろう。東京近郊では武蔵野の雑木林を保存しようと、保護樹林を設けるところが随所にあるが、ここへ行っても、昔のようにフデリンドウを見ることが少なくなってしまっている。武蔵野の雑木林は、元来、燃料林として再生萌芽力の強いクヌギなどを植えた人工林で、燃料のために適時伐採をする。そのために伐採後はしばらくの間、林内にかなり陽が当るようになり、林下にいろいろな植物が生えてくる。昔の雑木林は、その中にいろいろな野草の花が見られて楽しかったが、近頃は、かなりの面積をもった保存樹林へ行っても笹ばかりはびこって、植物相が極めて貧相になり、面白くなくなってしまった。

　これは、多くの保存樹林が適宜伐採をせず、そのまま放置してあって、木々が大木に茂って、冬以外は陽が当ることが少なくなってしまったためと思われる。開花に陽光が必要なフデリンドウにとっては、住みづらくなってしまったのかもしれない。

シロツメクサ

和名：シロツメクサ
科名：マメ科
生態：多年草
別名：ミツバ、イジンバナ
学名：*Trifolium repens*

四つ葉のクローバーは幸福のシンボル。クローバー類は学名をトリフォリウム（*Trifolium*）と云うが、これは「三つ葉」という意味で、いずれも三小葉をつけるのが特徴である。ところが、時々四枚の小葉をつける株が出ることがある。これがいわゆる四つ葉のクローバーで、シロツメクサの四つ葉が幸福を呼ぶとして探す人が多い。稀に四つ葉どころか、五枚、六枚というのも見つかることがあるが、こうなると宝くじに当ったようなものだ。

シロツメクサは、ヨーロッパ原産で、ホワイト・クローバーとも呼ばれる。わが国への渡来は江戸時代と云われ、オランダの船がガラス製品を持ち来った時に、そのパッキングとしてこのシロツメクサを乾燥させたものを用いたようで、この中に混じっていた種子を播いたのがわが国に居着いた始まりと云われている。ツメクサの名も、爪草ではなく詰め草というわけだ。

株元より多数の茎を出し、地を這うように茂り、地に着いた茎から根を下ろして一面に広がってゆく。そのために群生することが多い。牧草としても利用されることが多いし、群がるように咲くその白い花が美しいことから、空地などに、芝代りに種子を播いて、カバー・プランツとしてもよく用いられる。今では、日本全国に野生化している帰化植物の一つでもある。帰化植物には、セイタカアワダチソウや、セイヨウタンポポのように悪玉扱いされるものが多いが、四つ葉が幸運のシンボルとされるためか、いくらはびこっても悪く云われることがない。

ヨーロッパ一帯には、このクローバーの仲間が多く、山の方へ行くと、シロツメクサに花はよく似ているが、茎が三〇センチメートルほどに立ち上がって咲くモンタナ種（*montanum*）をよく見掛ける。これは小葉が細長く葉だけでも区別がつく。

シロツメクサに対してアカツメクサ、またはムラサキツメクサと云うのがある。これもヨーロッパ原産で、世界中に広がって野生化していて、わが国でも各地でその群生が見られる。シロツメクサよりも大柄で、三小葉も大きい。草姿も茎立って茂り、三〇センチメートル以上にも伸び、その頂きに紫紅色のやや長型の、シロツメクサよりも大きめの花房をつける。そして、花房の基部に袴をはいたように葉をつける特徴がある。アカツメクサともムラサキツメクサとも云い、いずれも花色に因んだ名だが、正確には赤なのか紫なのか。このような名の付け方と全く同じなのが、日本の野生ランで赤紫色の美しい花を咲かせるシランである。シランは「紫蘭」の意で、一名ベニラン（紅蘭）とも云う。どうやら、赤紫色の花は、人によって赤い色と感じる人と、紫と受け取る人とがいるようで、このような二通りの名が生じたらしい。

近頃、園芸店で、ストロベリー・キャンドルという名で、美しいルビー色で花穂の長いクローバーの一種が売られている。これはクリムソン・クローバー（Crimson Clover）と呼ばれる一年生種で、花壇や鉢植えにするとよく映え美しいが、これも元々は牧草として使われていたものである。わが国では野生化はしていないようだが、近頃、黄色の小さな花房をつけるコメツブツメクサという種類が急速に野生化しだしているようだ。

ヨーロッパ・アルプスの山歩きをしていると、山の斜面の草地一面がピンクに染められている光景を時々見掛ける。それは、ちょうどレンゲ畑を見るような美しさだが、その正体はアルパイン・クローバー（Alpine Clover）であることが多い。花もレンゲソウによく似ていて、私は、初めレンゲソウの仲間かと思い、勝手にアルプスレンゲと名付けていたが、葉はレンゲソウの羽状複葉に対して、細長い三小葉であるので、まさにクローバーの仲間で、この名は即、訂正することにした。

このほか、クローバーの仲間には多くの種類があって、黄花のアウレウム種（*aureum*）、黄金色で、下部の古くなった花が茶褐色となるブラウン・クローバーなどはヨーロッパの山地でよく見掛ける。また、ホワイト・クローバーは時に淡紅色の色変りがあって、遠目にはレッド・クローバーと見間違えることもある。

クローバー類は蜜源植物としても重要で、特にホワイト・クローバーの蜜は蜂蜜の中でも高級品扱いされる。四つ葉のクローバー探しも楽しいが、昔は、女の子達がホワイト・クローバーの花摘みをして花輪を作って遊ぶ光景が見られたものだ。今の子供達は、そのような遊びを知っているだろうか。レンゲソウといい、シロツメクサといい、春の野辺には、このような遊びを恵んでくれる野の花々が数々ある。自然を友とするこのような遊びが、失われつつあるのを寂しがるのは、年寄りのノスタルジーかもしれないが、惜しい気がする。

野生化した帰化植物の中で、これほど恵みを与えてくれる植物もないだろう。四つ葉でなくとも、やはり幸せをもたらす植物と云いたい。

スズメノカタビラ

和名：スズメノカタビラ
科名：イネ科
生態：越年生１年草
別名：ハナビグサ、ホコリグサ
学名：*Poa annua*

わが家は、お寺の一隅を借用して住まわせていただいていて、境内の手入れを手伝うことがよくある。広い境内のこととて、草取りが一仕事となる。冬から春へかけては、ハコベ、ミミナグサ、ホウコグサなどの越年生のいわゆる冬草と称する雑草が、夏には、スベリヒユ、コニシキソウ、メヒシバなどの夏草が取っても取っても生えてくる。この中で、意外にしつこく生えて閉口するものの一つにスズメノカタビラというイネ科の冬草がある。

芝に似た線形の葉は鮮緑色で、触ると柔らかく弱々しいが、性質はかなりしぶとい。株元より何本も芽分かれして茂り、早春から春へかけて芽の先に花穂を覗かせ、生長すると円錐状となる穂を開いて、細かい小花を綴《つづ》る。別に観られるような美しさはないが、何となく愛らしさがある。草丈一〇〜一五センチメートルの小型の草で、その疎《まば》らな花穂を、単衣《ひとえ》の着物、帷子《かたびら》に模して付けられた名のようだが、雑草にしては粋な名を付けられたものだ。

この仲間には、これを大型にして、高さ四〇〜五〇センチメートルぐらいに伸びるカラスノカタビラというのがある。スズメノカタビラは葉がやや短く、先がやや丸味を帯びるが、こちらの方は葉は細長く先が尖る。大きくなるので、雀に対して烏というわけだが、大きいのなら、鷹とでも鷲とでも付けても……とも思うが、やはり、ごく身近な鳥の烏の方がしっくりとする。スズメノエンドウに対するカラスノエンドウも同じ思いがする。

このカラスノカタビラも各地に野生する雑草扱いの草だが、一名オオイチゴツナギと云う。「大苺繫ぎ」の意で、実は、このグループに別にイチゴツナギという種類があり、これより大型というのでこの別名が付けられたらしい。イチゴツナギは、河原や土手などによく生えるので、別にカワライチゴツナギの名があるが、どうして苺繋ぎなどという変った名が付いたのだろうか。調べてみたら、昔、田舎の子供達がキイチゴの実を採って、この茎に刺し通して持ち帰ったことによる、とある。熟れたキイチゴの実はかなり軟らかい。この実を突き通して持ち歩いたら、家へ帰るまでに、みなこぼれ落ちてしまうような気がするが、本当だろうか。実際にやってみたことがないので、ちょっと信じがたい。このほか、湿潤な地に多く生えるミゾイチゴツナギというのもあり、イチゴツナギの名を冠したものが多いが、スズメノカタビラなど、さしずめ「チャボイチゴツナギ」とでも云うべきか。もっともこれは茎が短いし、キイチゴが熟れる前に枯れ終ってしまうだろうから、やはり無理と云えよう。

　スズメノカタビラを始め、この仲間は学名をポア属（*Poa*）と云う。ポアとは草のことで、随分と簡単に扱われてしまった名で、ちょっと気の毒のような気もするが、この仲間には、牧草として重用された種類がある。日本名をナガハグサと云い、ヨーロッパ原産で、明治初期に牧草としてもたらされ、その後、各地に野生化した帰化植物の一つだ。牧草としてはケンタッキー・ブルー・グラス（Kentucky Blue Grass）と云う。元来牧草であるが、ローン・グラス（Lawn Grass）として用いられることもあり、市販の西洋芝の種子には数種が混合されていて、このケンタッキー・ブルー・グラスも混ぜられていることがある。ただし、これは草丈がよく伸びるので、これの混じった芝生は頻繁に芝刈りをしないとボサボサに茂ってしまい、芝生の体をなさなくなってしまう。

芝生と云えば、スズメノカタビラはよく芝生に入り込むことがある。小型なので、芝と区別がつけにくいことがあるが、冬は葉が枯れる日本芝の場合には、冬の間も緑の葉を茂らせるスズメノカタビラは、冬期ならばすぐに見つけられる。ただし、芝生中に生えたスズメノカタビラを引き抜いて取るのは、かなり根気のいる作業だ。同属のナガハグサは西洋芝として利用されることがあるのだし、小型だから、面倒くさくなってこのままでもよいか、と思うこともある。だが、越年生の一年草で、夏にはなくなってしまうからと放置してしまうと、やたらと種子をまき散らすため、次の年には猛烈に殖えて本来の芝を押しのけてしまうおそれもある。やはり、面倒くさくとも丹念に抜き取るより仕方がない。

寺の境内に生えるスズメノカタビラ、取っても取っても生えてくる。砂利を敷きつめたところに生えたものなど、抜き取るのに往生をする厄介者だが、穂が出てくると、疎《あら》い花穂と、短めの葉とのバランスがよくとれていて、何やら愛らしさを覚え、引き抜くのを躊躇しがちとなることもある。でも、やはり引き抜かねばならぬ。心を鬼にして、と云うと大袈裟だが、植物を愛する私にとっては、草取りは少々複雑な思いのする作業だ。そして、取り終って後ろを振り返ってみた時、綺麗になった境内に、さっぱりとした気持ちが漂う。まだまだ悟り切れない。南無阿弥陀仏……。

和名：ミミナグサ
科名：ナデシコ科
生態：越年生1年草
学名：*Cerastium fontanum subsp. trieviale var. angustifolia*

ミミナグサ

花壇や畑、道端、空地などには、いろいろな、いわゆる雑草と称する草が生えてくるが、冬から春へかけて草取りをしていると、必ずと云ってよいほどにお目にかかるものにミミナグサというのがある。

株元より何本も出る茎は赤紫色で、地を這うようにして広がって茂る。茎の節間は長めで、節に対生して葉をつけ、茎葉共に微毛が生えているため、ソフトな感じがする。

ミミナグサは「耳菜草」の意で、その対生する葉を耳、それも鼠の耳に見立て、菜は、その若苗が食べられるところから付けられたというが、私はまだ食べたことがない。よく似たハコベはけっこう美味しいが、こちらの方はどうだろうか。春の訪れと共に、茎の先々に、ハコベに似た小さな五弁の白い花を咲かせる。花付きが疎《あら》いので見映えはしないが、一輪一輪はけっこう愛らしい。

これに近縁のヨーロッパ原産で、明治時代に渡来して野生化した帰化植物の一つに、オランダミミナグサというのがあり、最近、在来のミミナグサよりも多く見られるようになった。非常によく似ていて混同されやすいが、花のつく花柄が、ミミナグサの方が長く一センチメートルほどになるのに対し、こちらの方は短くその半分程度の長さ、という違いがある。悪環境でも平気で育つために、在来のミミナグサを打ち負かしてはびこっていることが多い。

この仲間は、ミミナグサ属（ケラスティウム *Cerastium*）と云い、いろいろな種類がある。北海道でよく見掛けるものにオオバナミミナグサというのがあり、名のように、この仲間では大輪で花付きがよく、観賞用に植えてみたくなるほどだ。観賞用に園芸植物として扱われている種類もある。ヨーロッパ原産の多年生種で、トメントーサ（*tomentosa*）という種類もその一つで、一般にはナツユキソウと呼ばれる。「夏雪草」の意で、初夏の頃に、白い花を、横這いに密生して茂る株一面に咲かせる。しかも茎葉に白い微毛を密生し、株全体が白一色に覆われ、まさに雪景色を見る思いがするために夏雪草と云うが、これは元来、英名スノー・イン・サマー（Snow in Summer）を邦訳したもので、正式にはシロミミナグサと云う。ロック・ガーデンや通路などの縁取り用としてあちらではよく用いられているが、わが国では冷涼地でないと、夏に弱りやすく、花が咲き終るとみすぼらしい姿となってしまうことが多いので、あまり植えられていない。ヨーロッパなどの夏に冷涼な地域では、花後も、その白い茎葉がけっこう美しく楽しめるので利用されることが多い。

わが国には、ミミナグサ以外にも、オオバナミミナグサを始め、優雅な名を持つタガソデソウ、高山植物で花弁周辺が切れ込みの深いミヤマミミナグサなどがある。この仲間は、北半球の温帯域に一〇〇種ほどが分布する大きな一族で、ハコベ（ステルラリア属 *Stellaria*）や、ノミノツヅリ（アレナリア属 *Arenaria*）など、よく似たグループが幾つかある。

ミミナグサや、近頃多くなったオランダミミナグサなどは、草取りの対象となる雑草の立役者的存在だが、株元を見つけて引き抜くと、大きな株でもずるずると引き抜けてちょっとした快感がある。

第2章

夏

クサノオウ

和名：クサノオウ

科名：ケシ科

生態：多年草

学名：*Chelidonium majus var. asiaticum*

植物の中には茎を切ると乳液のような白汁を出すものが時々あるが、オレンジ色がかった濃い黄汁を出すのが、このクサノオウだ。林側やあまり日当りのよくない路傍、また石垣の隙間などからも生えているのをよく見掛けるケシ科の多年草で、初夏の頃に鮮やかな黄色四弁花を数輪茎頂に咲かせてよく目立つ。野草の中では、花の美しいものの一つと云えよう。株元から何本もの軟質の茎を伸ばして五〇センチメートルぐらいの高さとなる。ソフトな感じのする羽状複葉は、裏面が白粉を吹いたように白く、加えて微毛が生えているために株全体が白っぽく見える。そのためだろう、中国では「白屈菜」と称する。日本名クサノオウは、切ると黄汁を出すところから「草の黄」の意だとする説が有力のようだが、その汁が腫れ物などに外用すると効くことから「瘡の王」だという説もあり、あまり定かではない。

語源説の一つに「草の王」の意とするのがあるらしいが、どうして草の王なのかがよく解らない。意外にしぶとい性質からとも思えなくもないが、もっとしぶとい雑草はいくらでもある。薬用に使えるということを加味してもなお理解しがたい。私は、その黄汁が強烈な印象を残すので、「草の黄」説を採りたい。

この黄汁、強烈な印象を残すと共に、何か毒々しい感じがする。それもそのはずで、この黄汁には毒性の強いアルカロイドを含む有毒植物の一つとされるから、口にしたら危ない。有毒植物は危険であるが、用い方によっては薬用として使えるものが多く、クサノオウもその一つ。乾燥させたものを解毒、鎮痛薬として利用することがあるようだが、君子危うきに近寄らずで、素人は使用しない方が安全だ。ただし、昔から民間薬として、その汁を虫さされや腫れ物、時には疣《いぼ》取りに外用薬的に塗布して使われたそうで、これならばやっても危険はないものと思う。

クサノオウにちょっと似ていて、時に間違えられる植物にヤマブキソウというのがある。同じケシ科の多年草で、クサノオウを大輪にしたような、名の通り山吹色の美しい花を咲かせ、観賞用として庭植えにされたりもする。よく似ているのに、時にクサノオウとは別属として扱われていることもあるが、同属（クサノオウ属）とされていることの方が多く、クサノオウとはかなり近縁の植物と云ってよい。

クサノオウは、わが国だけでなく中国やヨーロッパ一帯にも広く分布していて、彼の地を旅するとよく見掛ける。ヤマブキソウの方は、種名がヤポニクム（*japonicum*）となっているので、わが国の固有種と思うが、不勉強にして外国にもあるかどうかよく知らない。ヤマブキソウの草丈はやや低く、三〇〜四〇センチメートルほど。クサノオウは何となくなよなよとした感じで頼りない草姿だが、こちらの方はそれよりもしっかりとした趣きがある。クサノオウは平地のあちこちで時には雑草的に生えてくるが、ヤマブキソウの方は丘陵や低山帯の山林樹下でよく見られ、時に群落を作ることがあって、仄暗い林下にその黄色い花が映えて美しい光景を演出する。葉形に変異が多く、深い切れ込みのあるセリバヤマブキソウ、小葉がやや細目で無柄（ヤマブキソウの小葉には短い葉柄がある）のホソバヤマブキソウなどの変種があり、クサノオウよりも花時が早くいずれも四〜五月が盛りだ。このヤマブキソウも茎葉を切ると黄汁を出す。おそらくクサノオウ同様の毒成分を含むだろうが、薬草として用いるという話は寡聞にして聞いたことがない。山野草としての栽培は容易で、半日陰になるようなところへ土に腐葉土を混ぜて植えておくとよく根づき、毎年咲いてくれるし、花後、細長い実莢《みさや》が熟してきたら種子を採って播いておくと殖やすのも易しい。

クサノオウも、その花はよく見るとなかなか美しいが、ヤマブキソウに較べると見劣りがするので、観賞用として植えられることはまずない。やはり軍配はヤマブキソウに挙げざるを得ない。

わが家の農園にも、あちこちにクサノオウが生える。株がよく育つと、かなり茎が伸びてのたうちまわるように茂り、見られた姿ではなく、少々始末の悪い雑草となる。花は美しいが、茎葉を折ると出る黄汁が何となく毒々しく、衣類につくとなかなか落ちなくて閉口するし、抜き取っていると手の平が黄疸にかかったように黄色くなって、どうもこの草、あまり好きになれない。しかも、この根は直根性で意外に地中深くへ入り、茎をもって引き抜こうとすると地際でぶっつりと切れて、再び芽を出してくる。放っておくと種子がこぼれてやたらと殖えてくるので、見つけ次第抜いている。花を見ると雑草として抜き取るのにちょっと惜しいような気もするが、毒々しい黄汁を考えると、好まざるは取り除く、ということになる。「ごめんネ…」と心でつぶやきながら……。

タケニグサ

和名：タケニグサ
科名：ケシ科
生態：多年草
別名：チャンパギク
学名：*Macleaya cordata*

木と草とを較べると、その違いの一つに大きさがある。樹木類にも一メートルにも満たない小型のものもあるが、概して大きいものが多い。これに対して草物類は小型のものが多い。しかし、時に草丈が二メートル以上も伸びて仰ぎ見るように大きくなるものがある。その中で一際目立つのが、このタケニグサだろう。

　町中の空地から山地まで、広域に野生する植物の一つで、何しろ草丈高く、切れ込みのある大きな葉をつけることと、葉裏や茎が白粉を吹いたように白いためによく一層目立つ。その太い茎は切ると黄汁を出すことは、同じケシ科のクサノオウやヤマブキソウ同様だが、茎の中は竹のように中空となっていて、竹幹のようだということからタケニグサ（竹似草）と名付けられたと云われる。別にチャンパギクの名もある。チャンパとは古く二世紀頃、現在のベトナムにチャム族によって建国された王国で、中国では占城《チャンパ》と称していた。この草が占城あたりから渡来したものであろうとのことから占城菊《チャンパギク》と云われるようになったというが、もとよりこれは誤りで渡来植物ではない。菊の名は、その葉形がキクの葉状であるところから付けられたもので、もちろんキクの仲間でもない。

　タケニグサは竹似草の意であるのとは別に、「竹煮草」の意であるという説もある。この草と共に竹を煮ると軟らかくなるからというが、本当かどうか、やはり竹似草の方に軍配が挙がるように思う。

　夏になると、丈高く伸びた茎の上部に枝分かれして、ごく小さい白色花を密につけるが、花びらはなく、多数の雄蕊《おしべ》と、中心に一本の雌蕊がある蕊のかたまりの花だ。萼《がく》は二枚あるが、花が開くと同時に落ちてしまい、蕾の時でないと存在しない。大きい円錐状の花房となって、これまた、けっこう目立つ。

雄大な草姿と繊細な花とのコントラストが、独特な味わいを醸し出す。その感じは山に野生するカラマツソウを大きくしたようだ。わが国では雑草扱いで顧みられないが、欧米では観賞用の宿根草としてしばしば植えられる。昔、このことを知った時、へえ、こんなものを植えるの……、とびっくりした覚えがあるが、むこうの人達は、エキゾチックな植物として興味を持ったのだろう。確かに自然風の広大なイングリッシュ・ガーデンなどにはよくマッチする。それでは、わが国でも観賞植物として見直してみようとも思ったが、どうも雑草的イメージが強烈すぎていただけないし、無数になる種子が方々へ飛び散ってやたらと生えて雑草化してしまう。やはり、わが国では観賞植物扱いをするのは少々無理だろう。

雑草転じて観賞用、というのとは少々異なるが、わが国で馬鹿にされている植物が欧米でモテモテというものがほかにもある。

アオキとヤツデがそうだ。両者共わが国原産の常緑性低木で、日陰を好むところから、裏庭や家の北側によく植えられているが、その多くは家の北側にある便所のくみ取り口の目隠し用としてだった。そのため、アオキとヤツデというと「便所の木」と云われて馬鹿にされることが多い。ところが、そんなイメージのない欧米では、このアオキとヤツデ、今や第一級の観葉樹として人気が高い。あちらの園芸店、花屋などを覗くと、形よく仕立てられた両種の鉢植がよく売られている。「便所の木」というイメージがなければ、ヤツデの葉は造形的に面白いし、アオキにはいろいろな斑《ふ》入りの葉種があって、下手な観葉植物よりもはるかに美しい。かつて、わが国のある生産者がむこうへ行って、この両者が広く用いられているのを見たのだろう。早速、鉢仕立てにしたものを生産し出荷したが、さっぱり売れず、数年で止めてしまった。先入観というのは恐ろしいものである。たぶん、タケニグサを庭園用宿根草として売り出しても、まず売れないに違いない。

タケニグサの茎葉を切ると黄汁を出し、何となく毒々しいが、クサノオウと同じく、この黄汁は有毒である。が、毒も使いようで、昔から「博落廻《はくらいかい》」と称し、駆虫用塗布剤として用いられたというから、役立つ面もあったようだ。

この草は、都会の空地などに多く生えるかと思えば、山地の草原などにもほかの草に抜きん出て生えているのをよく見掛ける、分布域の広い植物の一つである。わが家の農園にもよく生えてきて、気がつくと身の丈ほどにも伸びて、さて引き抜こうとすると、その太い根が深く伸びていて抜くのに往生する。地際で千切れたりすると、すぐに新しい芽を出す。何とも勢力旺盛な植物だ。取り除くには、抜けやすい小さいうちに引き抜いて取ることである。畑や花壇などに生えて大きくしてしまうと、植わっているものが負けてしまう。

花時に風に揺られていると風情があるし、ひらめく白っぽい葉も美しいが、やはり雑草として取り除かねばならないことが、ちょっと気にかかる。

ムラサキケマン

和名：ムラサキケマン
科名：ケシ科
生態：越年生１年草
学名：*Corydalis incisa*

初夏の頃、雑木林や竹林の縁などに、何となく弱々しい茎上に筒状の花を穂状に咲かせる草をよく見掛ける。ムラサキケマンの花だ。株元から何本もの三〇センチメートルほどに伸びる茎を立て、株立ちになって茂り、その茎上に紫紅色の花を群がり咲かせて目につきやすい。茎は無毛で、指でつまむと容易につぶせるほど軟らかく、雨などに打たれると倒れてしまうほどだが、乾くと再び立ち上がる。見掛けは弱々しいが、なかなかのしっかり者である。日本全土、どこでも見掛ける野草の一つで、秋に発芽して細かい切れ込みのある羽状複葉の根生葉を茂らせるが、冬は寒さのためかその葉は赤味がかる。種名のインキサ（*incisa*）は「切れ込みのある」の意で、その細かい欠刻葉《けっこくよう》も特徴の一つ。

この仲間の花はいずれも筒状で、先端が口を開けたように開き、基部は角を突き出したように後ろへ伸びる。これを距《きょ》と云うが、スミレやオダマキなどにも見られ、蜜房の役を果たしている。この一族キケマン属（コリダリス属 *Corydalis*）には多くの種類があり、花色も紫紅色、黄色、青色、桃色、白色となかなか多彩である。

ムラサキケマンは全国的に分布するが、関東から西へかけての海岸地帯などには、黄色花を咲かせるキケマンというのがある。葉は白味を帯び、ムラサキケマンと違って太い茎を立てるのが特徴で、この茎は赤味を帯びる。上弁先端の背の部分に赤褐色の斑点があり、これが一つのアクセントとなっている。黄花種には、このほかヤマキケマンとミヤマキケマンがあり、前者は花が小さいが、後者は大きく、花びらの先端がよく開く。どちらも名のように山地に生えるが、後者はミヤマ（深山）の名は付けられているものの深山には生えずに低山帯に多い。名前に偽りありありというところか。以上はいずれも越年生の一年草だが、多年生種もあり、このグループはどれも地下に小さな丸い球根を持つ。代表的なのがジロウボウエンゴサクという変った名を持った種類だ。花時は春で、先端がよく開く紫紅色がかったピンクの、距の長い可愛い花をあらくつけて咲く。わが国の西部に多く、伊勢地方ではスミレのことを「太郎坊」と称し、本種を「次郎坊」と呼んで、子供達が両種の距をからませて引っ張り合って遊んだと云われる。エンゴサク（延胡索）はこの仲間の漢名である。

春の北海道を訪れると、林下一面が青く染まるほどに咲く花をよく見掛ける。エゾエンゴサクと呼ばれる種類で、同地の春を告げる花の一つだ。その青さが大変美しく、山草屋で売られていることが多い。北海道に多いが、東北地方にも分布し、北海道のものの方が大型、本州北部のものは小型であることが多く、かなり変異があるようだ。これにちょっと似たものに、本州から四国、九州にかけてかなり広域に野生するヤマエンゴサクというのがあり、花の色がエゾエンゴサクよりやや赤味を帯びると共に、花の付け根の苞葉《ほうよう》が細かく切れ込むので区別ができる（エゾエンゴサクは切れ込まない）。時に、葉が細いササバエンゴサクという変種もある。

球根性の多年生種はエンゴサクの名が付けられ、これは前述のように漢名の日本読みであるが、一年草種はケマンの名が付けられている。ケマンとは寺院内の吊り装飾として使われる華鬘《けまん》のことで、元々は同じケシ科だが別属のケマンソウに由来し、ムラサキケマンの花の色がケマンソウに似て茎葉の感じも似ることから付けられたらしく、それを基にしてキケマンは花色が黄色いからということのようだ。花のつき方は、ケマンソウは別名タイツリソウと云うように、鯛を思わせる紫紅色の花が垂れ下がってつく。キケマン属のものは垂れ下がりはしないが、横向きからやや斜め下向きにつくところが、何となくケマンソウのムードに似ていなくもない。因みに代表的な高山植物として知られるコマクサは、ケマンソウと同属の植物である。

以前、しばらくの間、山羊を飼っていたことがある。その頃は、わが家のまわりにまだ草が多く生えていたため、春から秋までは草地を移動しながら繋いで、草を食べさせていた。乳の出る間は、一家そろって毎日山羊の乳を飲み、米の消費が少なくなってしまうほど家族の栄養を助けてくれたものだった。ある年の初夏、竹林のそばに繋いでおいたところ、翌日になってどうも山羊の様子が苦しそうでおかしい。何か毒草でも食べたのではないかと、繋いであったところへ行ってみて、はっと気がついた。そこにはムラサキケマンが生えていて、かなり食べられた跡がある。ケシ科植物には麻酔性をもったものが多い。毒性は弱いと思うが、反芻《はんすう》動物の山羊では第二胃、第三胃へと送られると吐き戻せなくなってしまう。こちらの不注意で、とうとう昇天させてしまった苦い想い出がある。特に有毒植物と解説されているのを読んだことはなかったが、それからというもの、やはりこの仲間、有毒植物と考えた方がよいことに気づいた。

オオマツヨイグサ

和名：オオマツヨイグサ
科名：アカバナ科
生態：越年生１年草
学名：*Oenothera erythrosepala*

近頃は、交通の発達と共に、外来の帰化植物が大変多くなっているが、その先輩格の植物にマツヨイグサの仲間がある。この仲間はいずれもアメリカ大陸原産で二百余の種類があって、環境に対する適応性が高いためか、世界各地に野生化したものが多いようだ。わが国にも、江戸時代に渡来して野生化した南米原産のマツヨイグサを始め、幾つもの種類が居ついている。この中で、渡来後、急速に全国に野生化してしまったものにオオマツヨイグサがある。このグループでは大型で、時に人の背丈ほどに伸び、直径六〜七センチメートルの大輪の黄色花を夜開き、翌日の午前中にしぼんで咲き終る、夜開性の一日花でよい香りを放つ。河原などで群生するのをよく見掛けるが、町中の空地から野や山へかけても、果ては海抜二〇〇〇メートルに及ぶ高地でも見ることがあるほど、その分布域の広さに驚かされる。

なかなか美しい花で、初めは観賞用として持ってこられたようだが、これほどまでに野生化すると有難味が薄れて雑草扱いにされてしまうほどだ。ただ、わが国にはセイヨウタンポポのように在来種の競争相手がなく、セイタカアワダチソウと花粉喘息との関係のようなこともないためか、どうやら悪玉扱いにまではされていないのが救いだろう。

それどころか、宵待草として歌となり、太宰治の名言「富士には月見草がよく似合ふ」(『富嶽百景』)のように文芸作品にもよく取り上げられるのも、宵闇に咲くほのぼのとしたその風情に心惹かれるからであろう。ただし、マツヨイグサはあってもヨイマチグサという種類はなく、富士に似合う月見草も本当のツキミソウではなく、どちらもオオマツヨイグサのことのようだ。

この仲間は、わが国に十種ほどが帰化しているが、名称的には江戸時代に入ってきたツキミソウが有名で、その名がこのグループの総称になってしまっているようだ。本物のツキミソウは白花で、近頃はあまり見掛けなくなってしまった。この仲間は栄枯盛衰が激しいようで、全国的に野生化して勢力を広めたオオマツヨイグサも、近頃は同属のメマツヨイグサやアレチマツヨイグサに押されて、以前ほど見掛けなくなってしまった。

最近は夜行列車に乗ることがとんとなくなってしまったが、若い頃、夏休みに上野発の信越線の夜行列車に乗って採集旅行に出掛けたおり、大宮の大操車場一帯にオオマツヨイグサの大群落があって、車窓から見たその黄金の波に感激した想い出がある。大操車場がなくなった今日では、過ぎ去りし夢というところ。

ツキミソウのグループには、モモイロツキミソウやユウゲンショウのように昼咲き性のものもあるが、夜開性種の方が多い。

夜開性の花には、カラスウリ、ゲッカビジン、ヨルガオなどの白花や、マツヨイグサのような黄花のものが多く、また、よい香りを漂わせるものも多い。白や黄色の花は夜目にも目立つし、香りは虫を誘うのに効果があるだろう。こうして夜行性のスカシバなどの蛾によって花粉が媒介される仕組みになっている。

以前、某テレビ局から、オオマツヨイグサの花の開く瞬間を映像に撮りたいので、立ち合ってほしいと頼まれたことがある。相模川の河原に群落があるのを知っていたので、そこで撮影をすることにした。

まだ陽の高い午後の三時頃に河原へ到着、撮影準備を整えて日暮れを待つ。日没頃に咲くだろうとスタンバイしたが、いっこうに開く気配がない。蕾はかなり膨らんでいる。アサガオの場合には早朝に蕾がほぐれるようにして開くので、オオマツヨイグサも同じような開き方をするだろうと思っていたが、ほぐれる気配もない。

陽は完全に落ち、闇があたりを包み始める。膨らんだ蕾はあちこちにあるが、まだ開かない。痺れを切らしながら待つが、いっこうに開かない。そのうちに、闇をすかしてまわりを見ると、いつのまにか点々と咲いているではないか。

目前の蕾をじっと見つめる。さっぱり咲いてくれない。くたびれてちょっと横を向く、「ああ…、いつ咲くんだろう…」と目を戻すと、何と、いつのまにか咲いているではないか。よしッ、今度こそは、と蕾を見つめる。ちっとも開かない。疲れてちょっと目をそらす。目を戻すともう咲いている。すっかり馬鹿にされた感じで、オオマツヨイグサに翻弄されてしまったが、遂に開く瞬間を見た。ほぐれるように開くと思い込んでいたが、何と、一瞬にして開くのである。時計を見ると午後八時を廻っている。三時から八時までの五時間、辛抱の甲斐あって無事撮影を終え、闇夜にほの黄色く浮ぶオオマツヨイグサの花に別れを告げて河原を後にした。どっと疲れを覚えたが、カメラマンの方がより疲れたに違いない。

ノアザミ

和名：ノアザミ
科名：キク科
生態：多年草
学名：*Cirsium japonicum*

TBSラジオの「全国こども電話相談室」で、子供達からしばしば受ける質問に、「サボテンにはなぜトゲがあるの？」「バラにはなぜトゲがあるの？」というのがある。植物の刺《とげ》が、なぜあるのか？　という質問である。

「トゲに触ったことがある？」

「うん」

「痛かったろう…」

「うん、痛かった」

確かに、誰でも触れれば痛い。二度と触りたくなくなる。

「トゲはネ、動物などに食べられないよう、身を守るためにあるんだと思うヨ…」

これは常識的な回答だが、植物全体から見れば刺のない植物の方が多い。アフリカに野生するトゲアカシアは恐ろしく鋭い刺を持つが、象やキリンは好んでこの葉を食べる。この常識的な回答、果たしてこれでよいのだろうか。

それはさておき、草物の中で刺のある代表的な植物がこのアザミの仲間であろう。葉に鋭い刺を持つものが多く、ちょっと触っただけで思わず手を引いてしまうほどだ。中にはヒレアザミ類のように、茎にまで刺がある針鼠のような種類もある。牧場などでアザミ類が咲いているのをよく見掛けるが、どうやら牛や羊などもその刺を敬遠して食べ残すようだ。こうなると、やはり身を守るのにかなり役立つ面もあるようだ。

アザミの名の付く植物は大変多い。花の下部が、鱗状の総苞片《そうほうへん》で固められたようになり、そこから細い蕊《しべ》の突き出た管状花を多数密集して咲かせる。花容は独特で、このような花をアザミ状花と呼ぶ。同様のスタイルを持つ花にアザミの名を冠したものが多いが、一族ではなく幾つものグループに分けられ、その分類はなかなか複雑だ。代表的なのがアザミ属（キルシウム属 *Cirsium*）で、ノアザミがこの仲間の右代表と云える。本州から九州に至るまで広く分布していて、名のように野原や路傍などで最もよく見掛けるアザミだ。六〇〜九〇センチメートルに伸びる硬い茎を立て、先が枝分かれして紫紅色の花を咲かせる。羽状に鋭く切れ込む葉先には刺がある。アザミ類は秋咲きのものが多いが、ノアザミは晩春から夏へかけてが花時で、平地で五〜六月に咲くアザミを見れば、それがノアザミと思ってよい。しかも、総苞を触るとネバネバしているので他種との区別がつく。

園芸種にドイツアザミというのがあって、ドイツ原産かというと、これが全くの嘘で、わが国のノアザミを改良したものである。「寺岡あざみ」という品種が代表品種で、これには紫紅色花のほかピンクや白花種もあり、切り花として使われる。これをさらに大輪にした見事な花を咲かせる「楽音寺あざみ」という品種もあるが、アザミ類で園芸化されているのはこのノアザミだけだ。

アザミ属の植物は、わが国だけでも五十〜六十種もあると云われるほどの大一族で、ノアザミが代表格だが、これとよく混同されるのにノハラアザミというのがある。中部以北の山野に多く、時に群落を作ることがある。かつて初秋の赤城山を訪れた時、これの大群落に出会い、息を呑む美しさに感激した想い出がある。ノアザミによく似た花だが、花時が秋であることと、総苞片が粘らない点が違う。また、花色もやや淡い。

大型種で有名なのが富士山の溶岩礫地に多く野生するフジアザミである。すべてが大柄で、直径七~八センチメートルの見事な大輪花をうつむき加減に咲かせ、まさにアザミ類の王様というところ。富士山に多いが、他地でも山の崖地などで見ることがある。フジアザミほど大型ではないが、その姿がいかついことから鬼の名を冠したオニアザミというのもある。また、名前の意味を間違えやすいものにモリアザミがある。「モリ」を森と考えやすく私も初めはそう思っていたが、このモリとは銛のことで、総苞片が細長く尖って周囲へ開き、その一片が銛のようだからということで名付けられたようだ。漢字で書けばすぐに解るが、仮名で書かれるとこのような誤解を生じることがしばしば起こる。といって、すべてを漢字、特に漢名で書くと、これがまた間違った漢名を使っていることが多く、そのために学術的にはすべて片仮名で記すことになっている。でも、漢字で書かぬと感じが出ないということもあるが……。

わが国は、晩春から秋へかけて、どこへ行っても何らかのアザミの花を見ることができる。千々の草々から抜きん出るように茎を伸ばして、その先々に咲く紫紅色の花は、山野の彩りとして天の配剤と云えよう。

刺多きその葉とは裏腹に、花には優しさがある。巨大花を咲かせるフジアザミなど、うつむき加減に咲く種類などは、しおらしささえ感じてしまう。

ヒメジョオン

和名：ヒメジョオン
科名：キク科
生態：越年生１年草
学名：*Erigeron annuus*

帰化植物の中には爆発的に繁殖したかと思うと、その後衰退してゆくものがよくあるが、それに対して全くその気配を示さずに殖えっぱなしと思えるほど、未だにどこへ行っても目につくものがある。その一つがヒメジョオンという北米原産のキク科一年草だ。時には一メートルを超す直立する茎を伸ばし、先の方で枝分かれしながら、白く、花心の黄色い細弁の頭上花をたくさん咲かせる。町中の空地に野生することが多いが、野や山にまで夏の訪れと共に至る所にその白い花を群がり咲かせる。まさに雑草の代表とも云えるが、よく見るとその花はなかなか可憐で、花の美しい雑草の一つとも云えよう。わが国へは明治維新前後に渡来したと云われ、都会地を中心に全国へ広がったようである。

根生する葉は長目の楕円形で、あらく切れ込みがあり、切り花用草花のエゾギクにちょっと似ている。茎につく葉は切れ込みがなく細長い柳葉となり、あまり目立たぬが微毛がある。葉形にかなり変異があり、根生葉に切れ込みがなく、やや細葉のヤナギバヒメジョオンと呼ばれるものや、葉が篦《へら》状をしたヘラバヒメジョオンというのもあるが、いずれも同じような花を咲かせる。

この仲間はムカシヨモギ属（エリゲロン属 *Erigeron*）と云い、多くの種類があり、高山植物として知られるミヤマアズマギクやアズマギクのように、淡紫色の美花を咲かせ、山野草として培養観賞される種類もあるが、雑草扱いにされるものの方が多い。海辺地域に多いアレチノギク、北米からの帰化植物で人の背丈以上に伸びて空地・路傍などに群生して生えるヒメムカシヨモギなどがある。ヒメムカシヨモギは、ヒメジョオンと同じ頃に渡来したため、別名を明治草とか御維新草の名があり、また鉄道草とも云われる如く、鉄道によって種子がまたたく間に全国に運ばれて野生化したものである。ヒメジョオンは、その白い花がまだしも愛でられるが、ヒメムカシヨモギの方は無数に花をつけても、観賞に堪えるような花ではなく、雑草の中の雑草というところ。それどころか、花から冠毛をつけた種子を無数に飛ばすので、放っておくと、あっという間に殖えて始末に負えなくなる。

ヒメジョオンも、花は愛らしいとはいうものの、やはり、ああはびこられると、どうしても雑草として厄介者扱いされてしまう。

このヒメジョオンに近い種類に多年生のハルジオンというのがある。七〇〜八〇センチメートルに伸びる茎先に、ヒメジョオンに似た白色黄芯の花を何輪もまとめて咲かせる。白い花ばかりでなく、ピンクのもの、うす紫のものなどがあって、ヒメジョオンよりはるかに観賞価値が高い。そのために今では殖えすぎて雑草扱いにされてしまっているが、元々は大正時代に観賞用草花として持ち込まれたものだ。

ヒメジョオンとは、花時が春咲きであるという違いのほか、茎を切ると中が中空となっているので区別がつくし、咲く前の蕾はうつむいてどこかしおらしい感じがする。観賞用として庭植えにしてみたいとも思うが、この草、一つ始末に悪い点がある。引き抜いた時、根が切れて残ると、残った根から芽を出してくる。下手をすると抜けば抜くほど殖えてしまうことになりかねない。悪名高い帰化植物のセイタカアワダチソウが、刈り取れば刈り取るほど地下茎が広がってよけいに殖えてしまうそうだが、それによく似ている。

ヒメジョオンは姫女苑と書く。女苑を「ジョオン」と発音するのは間違いないが、近縁のハルジオンの場合には「ジョオン」ではなく「ジオン」と云い、漢字では春紫苑となっている。紫苑＝シオンはわが国原産のシオン属（アステル属 *Aster*）の代表種で、エリゲロン属とは縁の遠い別属の植物だ。よく観賞用として庭植えされる宿根草で秋日を飾る。これと同属の近い種類に、白色花を咲かせる小型のヒメシオンというのがあり、昔の学者がこれに漢名、女苑を当てたが、これは誤りであって、この辺からジョオンとシオンとの混同が起ってしまったように思う。私としては、ハルジオン（春紫苑）ではなく「ハルジョオン」（春女苑）と呼ぶ方が妥当だと思うのだが、どうであろうか。困ることに、ヒメジョオンを「ヒメジオン」と云う人がけっこう多い。正確な植物名とはなかなか厄介なものだ。

わが家の農園にも、ヒメジョオン、ハルジオン、ヒメムカシヨモギのエリゲロン三点セットが至る所に生えてくる。ハルジオンは花が咲くと、その花の優しさにどうも引き抜きがたく、心の中で「ごめんヨ」と念じながら抜くが、残った根からやたら芽生え出てくると始末に負えず、憎さ百倍となる。ヒメジョオンの方は咲き出すと、ちょっと可哀想かナ、という程度。ヒメムカシヨモギは放っておけば人がかくれるほど大きく茂り、そこまでおくと大骨が折れるし、その花はどう見ても美しいとは云いがたい。この三点セットの中で取り除くのに最も抵抗感がない、などと云うと差別待遇だと怒られるかもしれないが、正直云ってこれが私の本音である。

ホタルブクロ

和名：ホタルブクロ

科名：キキョウ科

生態：多年草

学名：*Campanula punctata*

六月から七月へかけての梅雨時は、春の花が終り夏の花が盛りとなる合間となって、咲く花が少なくなる時期だが、この季節を待って咲く花もある。代表的なのがアジサイとハナショウブ、紅一点のザクロの花。目立たないが、ナンテンやマンリョウ、センリョウの花もこの時期に咲く。この中でザクロだけは中近東生れだが、ほかのものはわが国に野生する植物で、梅雨時の花に、わが国原産のものが意外にあるのは面白いことだ。これも梅雨の国への天の恵みであろうか。

この梅雨時の、わが国に野生する花の一つにホタルブクロがある。土手などに、下草から抜き出るように茎を伸ばし、その先々に大きな釣鐘状の花を何輪も垂れ下げて咲く風情が何とも云えない。色はややくすんだ赤紫色だが、かえって、落ち着いた、静かなムードを漂わす。そのためか、茶花としても好まれるし、茶室の庭などにも植えられる。

花の色にかなり濃淡があり、時には白花のものもある。山地に生えるものをヤマホタルブクロと称し別種扱いにされることがあり、花色がホタルブクロより濃いと云うが、必ずしもそうではないようだ。また萼片《がくへん》の形状が違うとも云われるが、両種の中間型もあって実際には区別しにくく、同種と考えてもよいものと思う。

ホタルブクロは「蛍袋」の意で、昔、ホタルが多かった頃、子供達が捕まえたホタルをこの袋状の花の中へ入れて持ち帰ったところから名付けられたと云われる。異論もあるようだが、ホタルが飛び交う時期にはこの花が咲いているだろうし、もし、この説が本当であるならば、ほのぼのとした心温まる名の付けようだ。

ホタルブクロはキキョウ科のホタルブクロ属（カンパヌラ属 *Campanula*）の一種で、この仲間は非常に多く、北半球の温帯域に分布し、その数二百五十種に及ぶと云われる。わが国にも、変種まで含めると六種ほどが野生し、ホタルブクロはその代表種で、草姿、花共に最も大型で立派なため、山野草としても扱われる。ただし、園芸的には同属のヤツシロソウの方が多く扱われ、切り花用として改良種もある。

ヤツシロソウは九州に野生するが、非常に広域に分布する植物で、その分布域は北アジアからヨーロッパまでと広く、私はカナダの西部で見掛けたことがある。学名をカンパヌラ・グロメラータ（*Campanula glomerata*）と云い、種名のグロメラータは「集団の」という意味で、この花が茎頂に上向きにかたまってつくことから名付けられたようだ。

ホタルブクロの学名はカンパヌラ・プンクタータ（*Campanula punctata*）、種名のプンクタータは「細かい点のある」という意味で、この花の内側に細かい斑点模様があるためだ。ほかの植物でもプンクタータという名が付けられていれば、花に斑点模様があると思ってよい。属名のカンパヌラは「小さい鐘」という意味で、その花型による。

カンパヌラ属の花には二つのタイプがあって、ホタルブクロのように筒状の釣鐘型のものと、花の先が星形に五裂する星咲き型のものとがある。ヤツシロソウは星咲き型に入る。

釣鐘型のもので、西洋のホタルブクロとでも云える種類にカンパヌラ・メディウム（*Campanula medium*）というのがあって、古くから園芸化され改良種が多々ある。ピンク、白、藤青色と、優しい色合いのものが多く、中にはカップ・アンド・ソーサー（Cup and

Saucer）という、萼が発達して色付いて広がり、中に鐘状花を容する二重咲きとなったものもあり、さらに萼が花同様の鐘状となって重なる完全な二重咲きのホーズ・イン・ホーズ（Hose in Hose）という品種まである。多くは草丈七〇〜九〇センチメートルとなる高性種で、花壇や切り花に使われるが、近頃は鉢植向きの二〇〜三〇センチメートルの矮小性種も売り出されている。このメディウム種の日本名フウリンソウは、その花の姿ぴったりの名前だ。原産地はヨーロッパで、私もイタリアのフィレンツェ近くと、スペインのバルセロナ近郊、モン・セラットの修道院近くでその野生を見たことがある。

わが国で女子の園芸教育を行う唯一の短大である、恵泉女学園園芸短期大学で長い間講師を務めてきたが、同短大育ての親とも云える山口美智子教授が、ホタルブクロの風情とフウリンソウの優しい花色を備え合わせた新しいカンパヌラを作ろうと、両種の交配を続けられたが、どうしてもうまくゆかずに終ってしまったことがあった。種間雑種は、植物によってかなり容易に成功するものもあるが、不成功に終ることの方が多い。

しかし、バイオ・テクノロジーが発達した今日では、昔は不成功に終ったものが成功している例も多くなっている。ユリ類の品種改良などはそのよい例であろう。その後、ホタルブクロとフウリンソウの種間交配が行われたということを聞かないが、新しいバイテク技術を応用すれば成功するような気がする。誰か、この和洋を結びつける新しいカンパヌラの改良を試みる人がいないだろうか。

ヘクソカズラ

和名：ヘクソカズラ

科名：アカネ科

生態：多年草

別名：ヤイトバナ、サオトメバナ

学名：*Paederia scandens*

へクソカズラ、漢字で書けば屁糞蔓。植物の名前には時々ひどいものがあるが、中でもこのヘクソカズラほどひどい名前はないだろう。何しろ屁と糞であるから最悪である。属名のパエデリア（*Paederia*）も「悪臭」という意味であるから、この草、よほどひどいにおいがするに違いない。事実、この草を千切って嗅いでみると、まさに屁糞のにおいがする。このような名前を付けられたのも致し方ないだろう。

植物の中には悪臭を放つものが時々ある。中でも、アフリカの砂漠地帯に野生するスタペリア（*Stapelia*）の仲間の花は腐肉臭を放つことで有名だが、これは砂漠のようなところにもいる蠅を、花粉の媒介昆虫として誘い寄せるためと云われている。スタペリアにとっては、このような必然性があることは理解できるが、さて、このヘクソカズラの悪臭はそのような必然性があるのだろうか。この草に、蠅が集まっているのは見たことがない。茎葉ににおいを持つペラルゴニウム類（*Pelargonium*／一般にはゼラニューム類と呼ばれる）は、その鉢植を置くと蚊や蠅が寄りつかないとよく云われるが、ヘクソカズラもその悪臭によって害虫から身を守っているのかもしれない。ヘクソカズラ以外にも、茎葉に悪臭を持つ植物は時々ある。花壇用草花としてポピュラーなペチュニアやクレオメ（酔蝶《すいちょう》花《か》）もヘクソカズラほどではないが、葉を嗅ぐと嫌なにおいがする。花のにおいにはスタペリアのように超悪臭を放つものもあるが、だいたいは、においを持つ花はよい香りのことが多い。

ところが、切り花、特に花束の添え花として人気の高い宿根カスミソウの花は嫌なにおいがする。にもかかわらず、これほど人気があるのはどうしてだろう。もっとも、それほど強い悪臭ではないことと、少しではほとんど感じられないので、「カスミソウは嫌なにおいがするヨ」と云っても、たいていの人が「へえー、ほんと？」と、びっくりする。普通の嗅覚の人なら解らないだろうが、嗅覚の敏感な人にとっては嫌な花に違いない。

それはさておき、このヘクソカズラの花はその茎葉の悪臭とは裏腹に、大変チャーミングで愛らしい花を咲かせる。蔓《つる》の先の方の葉腋《ようえき》から短い花梗《かこう》を出して、筒状で先端が五裂して開く小さな花を数多く咲かせる。開いた花びらの縁が細かくフリンジ状に切れ込み、白地で中心が紫紅色というなかなかしゃれた花だ。小さな花だが、たくさん咲き出すとフェンスにでもからませて観賞用に植えてみたくもなる。が、何にしても草のにおいを嗅ぐとご免こうむりたくなるし、何にでもからみついて猛烈に茂る。地表近くに地下茎を張りめぐらして、どこにでも生えてくる。生け垣などにからむと生け垣を覆いつくしてしまうこともある。いくら花が可憐でも、こうなってはやはり雑草扱いするより仕方がない。神様も、ずいぶん罪作りなことをしたものだ。

蔓植物は他物にからむ時、いろいろなからみ方をする。ウリ科の植物は葉先から巻鬚《まきひげ》を出して、これが他物に巻きついてよじ登るようにからむし、ツタは吸盤によって吸いつきながらよじ登る。このほか、蔓より根を出して、これを樹皮や岩の隙間に食い込ませて張りつくものもある。多いのは蔓を他物に巻きつかせるタイプで、アサガオやツルインゲンなどはその典型的な植物だが、ヘクソカズラもこの部類に入る。

巻きつき型のものには、巻く方向が右巻きのものと左巻きのものとがある。アサガオなどヒルガオ科の植物は、ほとんど左巻きとなる。ヘクソカズラはどちらだろうと調べてみたら、『牧野日本植物図鑑』では「左方に纏繞《てんじょう》する」と記されている。これは左巻きということだろう。ところが、念のためにと、わが家に生えるヘクソカズラを調べてみたら、どう見ても右巻きである。一体、どちらが本当なのか。

アサガオは左巻きが定説となっているが、学者によっては右巻き説をとなえる人がいるという。巻く方向は決まっているから、この右巻き説というのは不思議である。ところが、この逆説も実は間違ってはいない。巻く方向は、上から見た場合で定めてあるようだが、蔓を下から見ると反対となる。物は見方、ということか……。この場合にはどちらも間違いではないということが理解できるが、ヘクソカズラの場合には、定説に従って上から見て「左方に纏繞する」となっているが、私が直接調べてみると、明らかに上から見て右巻きである。植物図鑑のミスプリントか、私の見間違いか、誰かに判定してもらう必要があるようだ。

「ナニ？　左へ巻こうが右へ巻こうが、天下の大勢には影響がないって…？」

そう云われれば、そうかもしれないが、どうもこのこと、気に掛かって仕方がない。

ヘクソカズラ、別にヤイトバナとも云う。花の中心が赤いところから、灸を据えた跡のようだということらしい。また、その花の可憐さからサオトメバナとも云う。この名を以て、汚名を雪《そそ》ぐとよいだろう。

オオバコ

和名：オオバコ
科名：オオバコ科
生態：多年草
別名：オンバコ、カエルッパ、ゲエロッパ
学名：*Plantago asiatica*

平地から、かなり山の高いところまで、わが国のどこへ行っても道端に必ずと云ってよいほど見掛けるのがオオバコだ。オオバコの意は「大葉子」で、幅広の濃緑色の葉を地面に張りつくように広げる。わが国だけではない。海外どこへ出掛けても、この仲間の野生を見掛けるような気がする。

昔、中国で、ある高貴な人が車で通りながら路傍に生える草に目をとめ、従者にその名を尋ねた。それを知らなかった従者が、とっさに車の前に生えていたので「車前草と申します……」と答えたことから、漢名「車前草」と云われるようになったとの説が専らだが、車の轍《わだち》の跡によく生えるところから名付けられた、との説もある。確かに人や車が頻繁に通る路傍に多く、踏まれても踏まれても枯れずに生き残る、恐ろしく生命力の強い草だ。山中で迷った旅人が、オオバコが生え続くのを見つけて、これを辿って人里に行き着いたという話があるほど道端に多い。このような道草？　なら大いに歓迎と云いたい。

オオバコは根生葉の中から直接花茎を立て、目立たない小花をぎっしりと穂状につけるが、この花、二度咲きをするという面白い性質がある。というのは、まず白い糸状の雌蕊《めしべ》を突き出した雌花が先に咲き出し、その後、先端に葯《やく》をつけた糸状の雄蕊を四本突き出した雄花が咲き出す。夫婦全く別々に登場するわけだ。自家授粉による近親繁殖を避ける巧みな構造となっている。

オオバコは花粉が風によって運ばれる風媒花で、そのむき出しとなってつく雄蕊の葯は、まともに風に晒されて花粉が飛び散る。授精されてできた種子はこぼれ落ち、水に濡れると粘って何にでもくっつく。そこへ車が通れば車輪にくっついてどこへでも運ばれてゆく。歩く人の履物にもつく。車や人が通る道路端に多いのも当然だ。そしてこれが、時には道標ともなる。

いろいろな種類が世界各地に分布するが、わが国には四種ほどが野生し、代表的なオオバコのほか、海岸地に野生するトウオオバコは最も葉が大きく、大きなものでは葉の長さが三〇センチメートル以上となることがある。これこそ、まさに大葉子である。トウオオバコは「唐大葉子」の意だが、学名は種名がヤポニカ（*japonica* 日本産の意）で、わが国の固有種で中国産ではない。大柄で、花茎も一メートル近く伸び、どこかエキゾチックなムードがあるので、このような名前を付けてしまったらしい。そのほか、高山性のハクサンオオバコ、北海道に多いエゾオオバコがある。

至る所に生え、わが国の植物然としているが、元来はヨーロッパからのお客さんで、ヘラオオバコというのがある。葉が細長く、長い花茎を数多く立て、花穂の先の方に雄花が輪状に広がって、竹とんぼが舞っているようで面白い。これともう一種、北アメリカ生れで近頃殖えだしてきたツボミオオバコの計二種が、外来の帰化したオオバコだ。

ヨーロッパで山歩きをすると、優しいうすピンクの花穂を立てるオオバコをよく見掛ける。プランタゴ・メディア（*Plantago media*）という種類で、オオバコ類の中では最も花の美しい種類。しばしば群落を作り、うす桃色の花穂がそよ風に揺らいでまことにのどかだ。また、アルプスの高山地には丈の低いアルパイン・プランテイン（Alpine Plantain）と称するアルピナ種を見掛ける。花は地味で美しいとは云えないが、アルピナと云われると、何となく有難味を覚えてしまうのがおかしい。

オオバコというと雑草扱いにされてしまうが、車前草の名では有名な薬草となる。この葉や種子（車前子）を煎じたものは、咳止め、利尿、頭痛、下痢止めに効き、葉を塩もみしたものは、おできの膿出しにも使われるなど、その効能を調べると何にでも効く万能薬的存在のようで、これが事実ならば雑草どころか、貴重な薬草と云わなければならない。薬局方にも収められているというから、まんざら嘘ではないようだ。また、若葉はひたし物にしても食べられるそうだから、薬膳的効果もあるかもしれない。

一方、わが国では古典園芸植物として古くから、この園芸品種が作られていた。中でも葉が渦巻き状となり、サザエの殻のような形のサザエオオバコがよく知られ、この斑《ふ》入り葉種は特に珍重される。園芸がブームであった江戸時代から、このような珍貴植物がもてはやされると共に、その辺の雑草の中からも、ツユクサやドクダミのように園芸品種が作り上げられたと云うから、日本人の園芸好きは今に始まったことではない。

薬用に、観賞用に、路傍の雑草どころか私達のために大いに役立ってくれたのが、このオオバコである。オオバコは、俗にオンバコとも呼ぶが、この呼び方の方が何か親しみがあって、この草をより身近に感じさせる。別にカエルッパ、地方によってはこれが訛ってゲエロッパとも云う。何でも死んだ蛙をこの葉で包むと生きかえるということからきたらしいが、これは一種のしゃれ言葉だろう。

ヒルガオ

和名：ヒルガオ
科名：ヒルガオ科
生態：多年草
学名：*Calystegia japonica*

朝開くのでアサガオ、夕方から咲くのでユウガオ、そして昼間咲くのでヒルガオと云うが、実に単純明快な名前の付け方である。

夏の訪れと共に、フェンスなどにからみついて咲くヒルガオの優しいピンクの花は、夏到来を告げる野草の一つだ。都会地でもよく見掛けるが、コンクリート・ジャングルと化した町中でこの花に出会うと、何かほっとした思いがする。野草の中では美しいものの一つである。

わが国でヒルガオと呼ばれるものには二種類がある。ヒルガオとコヒルガオだ。

ヒルガオの方が花が大きく直径五〜六センチメートル、濃いピンクの、アサガオ同様の漏斗《ろうと》状花を咲かせる。コヒルガオの花は直径三センチメートルほどと小さく、うすいピンクの花を数多く咲かせる。ヒルガオの花は艶やかなムードを漂わすが、コヒルガオの方は可愛い乙女という感じだ。葉形も少々違う。コヒルガオは鉾型で葉片の張り出しが目立つが、ヒルガオの方は、よく似た葉だが張り出しが目立たず、大きさもコヒルガオより大きい。もう一つの違いは、萼《がく》を両側から包むようにつく二枚の苞《ほう》の形で、苞片の先が、ヒルガオでは丸味を帯びてややくぼむが、コヒルガオは尖っていることだ。属名のカリステギア（*Calystegia*）は「萼が覆われている」という意味だそうだから、萼が苞で包まれているのも、このグループの特徴の一つである。

両者共にたくさんの花を咲かせるが、ほとんど種子がならない。自然界の種子植物は、種子によってその分布を広めるのが原則だが、時々ヒルガオのようにほとんど結実しないものや、ヒガンバナのように全く種子をつけぬものがある。種族繁栄のためには極めて不利なことであるにもかかわらず、ヒルガオにせよヒガンバナにせよ広域に分布しているのはなぜだろう。

ヒルガオ、コヒルガオ共に、地下を横走する白い地下茎があり、これから芽を出してくる。この地下茎、小さく切れても芽を出す。最近の新興住宅地など、よそから運んできた土で埋め立てることが多い。この土に、ヒルガオの地下茎が混じっていれば根づいて芽を出し、たちまちのうちに殖えるだろうし、植木の根土に混じって運ばれてきて居着いてしまうことも考えられる。土の移動と共に分布を広げるのではないだろうか。

アサガオが多彩に品種改良されたように、ヒルガオを品種改良して、いろいろの花色のものができたら面白いだろうと考えたことがあった。これができれば、朝はアサガオを楽しみ、日中いっぱいヒルガオが楽しめる。ところが、このヒルガオはほとんど結実しない。どうも、いくら交配したりしても無駄のようだし、種子が多く採れなければ品種改良もまずできない。野生のものも、ほとんど変異が見られないし、この考えは夢に終ってしまった。

わが国各地の海岸に、砂浜を這うように茂り、ヒルガオによく似た花が咲いているのをよく見掛ける。葉は、ヒルガオのように長くなく、硬く厚手で艶があり、海浜性植物独特の特徴を示し、丸い腎臓形をしている。ハマヒルガオという種類で、海辺の景色によく似合う。これもヒルガオと同属の植物で、こちらの方はよく種子をつける。これによく似て、沖縄などの暖地海岸にはグンバイヒルガオというのがある。丸形の葉先が切れ込み、軍配のような形をしているのでこの名がある。この種類、亜熱帯・熱帯各地の海岸に広く野生していて、ハマヒルガオより大柄で、直径四〜五センチメートルの、中心が濃くなる淡紅色の花を咲かせる。花色にかなり濃淡の差があり、時に白花を咲かせるものもある。ハマヒルガオと住処も同じく海辺の砂浜で、草姿、花容もよく似ているため、同属の近縁種かというと、実は別属でサツマイモと同じイポモエア属（*Ipomoea*）の植物である。大きな違いは、ヒルガオ・グループのように萼を包む苞片がないことだ。

世界各地を旅すると、どこへ行ってもヒルガオの仲間にお目にかかるような気がする。コヒルガオのような小輪のものが多く、花の色もピンク系がほとんどだが、時には白花のものもある。といって、わが国のコヒルガオとも違う。よくだまされるのが、グンバイヒルガオと同じイポモエア属の種類で、やはり萼を包む苞片の有無を確かめることが決め手だ。

ヒルガオもコヒルガオも、フェンスや生け垣にからみついて咲く姿はけっこう楽しめるが、その蔓《つる》は何にでも巻きついて、繁茂すると始末の悪い雑草となってしまう。巻きつき方は、アサガオ同様に上から見て左巻き。

植えてある植物に被害を及ぼすことの少ない、フェンスにからんで咲くものは、そのままにして夏の花として楽しんでもよいようにも思うが、何となく雑草というイメージが強いためか、取り除かれてしまうことが多い。取っても取っても、地下茎が少しでも残るとすぐに生えてくる。根絶することが難しいことも、雑草扱いにされてしまう理由であろうか。

ヤブガラシ

和名：ヤブガラシ

科名：ブドウ科

生態：多年草

別名：ビンボウヅル、ビンボウカズラ

学名：*Cayratia japonica*

蔓《つる》植物は伸び始めると、あれよあれよと云うばかりに伸びて、たちまちにして茂ってしまうものが多いが、ヤブガラシはその最たるものだろう。春になると、やたらにあちこちから赤紫色がかった芽を出し、五枚の小葉を持つ掌状の葉を広げ始めると、留まるところを知らずという勢いで伸びてくる。立木があると、節から出る巻鬚《まきひげ》をからみつかせてよじ登り、あっという間に樹上に顔を出し、その後に伸びる蔓は樹冠にかぶさるように覆いつくしてしまう。加えて幅広の五枚の小葉が茂るため、とりつかれた木はヴェールをかぶされて陽が当らなくなる。光合成が充分に行えないから当然衰弱してくるし、ひどい時には枯れてしまう。まさに藪枯らしである。別にビンボウヅルやビンボウカズラの名もあるが、ナズナ（貧乏草とも呼ばれる）と並んで気の毒な名を付けられた代表的な植物だ。

蔓も枝分かれして猛烈に茂るが、地下に横走する茶色の地下茎も分岐しながらどこまでも這いずり回り、至る所に芽を出してくる。ヒルガオ類同様、ちょっとした地下茎のきれっぱしからも芽を出すから、これを完全に退治するのは困難どころか、まず不可能に近い。上も茂る、下もはびこる。嫌がられるわけだ。

というわけで、嫌われる雑草中でも最も始末に負えない雑草だが、夏に咲くその花はよく見ると意外に可愛い花である。節から葉と対生して花茎を出し、その先は三つ分かれしてさらに二股、二股と細かく分かれて米粒のように小さな蕾を無数につけて、傘を広げたような花房をつくる。花びらは四枚あり、緑白色で横に開くが、ルーペで見ないと解らないほどに小さい。花は、二番目の二股に分かれるところの付け根にポツポツと咲いてくるので、一度にたくさんは咲かない。咲いた花は花盤と呼ばれる、わずかに四つにくびれる皿形の中央に雌蕊《めしべ》が一本突き出て、周囲に四本の雄蕊がある。この雌蕊と雄蕊のつく花盤が、赤味がかったオレンジ色をしていて意外に目立つ。ヤブガラシの花の可愛さは、このオレンジ色の花盤の色合いにあるように思う。

花はごく小さいが、けっこう蜜を出すとみえて、アゲハチョウなどの蝶がよく集まる。昆虫採集に夢中であった頃、この花の前で蝶が飛んでくるのを待ったのも懐かしい想い出だ。その頃の私にとっては、憎らしき雑草というよりも、愛すべき大切な花であった。

ヤブガラシは巻鬚が巻きついてよじ登るが、この巻鬚が面白い。ほかの巻鬚は一本で螺旋状に巻きつくものが多いのだが……。

以前、TBSラジオの「全国こども電話相談室」で、「ヘチマの巻鬚が途中で逆巻きになるのはなぜか?」という質問を受けて慌てたことがある。それまで確かめたことがなかったので、宿題にして家へ帰り、近所でヘチマを見つけてよく見たら、まさにその通り。途中こんな細かいところを、子供がよく見つけたと感心させられた。これは物理学的に、途中で逆巻きになると、抜けそうになった時によく締まって、抜けにくくなるためだということらしい。

さて、このヤブガラシの巻鬚、始めは一本で伸びるが、そのうちに二本に枝分かれして二股となる。そして、両腕を広げたようにして二本の巻鬚でしっかりと摑むようにして巻きつく。こうなると、巻きつかれた方は縄抜けしようと思っても逃げられない。巻鬚を伸ばす植物は、あの手この手で摑まえたものを放すまいとする。これも自然界の巧みな仕組みといえよう。

花にはちょっと気が惹かれるが、何しろ藪枯らしである。放っておくと植わっているものを枯らしかねない。あまり生長しないうちに、どんどん引き抜いて取り除かねばならない。ところが、蔓の付け根は張りめぐらされた地下茎に繫がっている。抜けたと思っても、地下茎が残ればすぐにまた生えてくる。それならばと、地下茎を掘り出してしまおうとやってみても、どこまでも続いていて、必ずと云ってよいほど途中で切れてしまう。それでも、少しでも多く地下茎を取ってしまおうと汗を流す。掘り上げた地下茎の山、乾かして処分してしまうが、何かに利用できないだろうか。調べてみたら、中国では「烏《う》蘞苺《れんばい》」と称して生薬として漢方で用いるという。さすが漢方の国である。その根や蔓、葉は、利尿、鎮痛、解毒、消炎などの働きがあるという。漢方薬ばやりの今日、始末に悪い雑草として厄介視されるこのヤブガラシの利用法として、注目してもよいのではなかろうか。

このほか、ヤブガラシの新芽は和え物などにして食べられる、ということを聞いたことがある。新芽は軟らかくてうまそうだが、まだ試してみたことがない。どうも憎き雑草のイメージが強すぎて、未だに手が出ない。

ヤブガラシを始め、ヘクソカズラ、ヒルガオなど、蔓性の雑草というのはいずれもしぶとくて取り除くのに手を焼く。

メヒシバ

和名：メヒシバ

科名：イネ科

生態：１年草

学名：*Digitaria ciliaris*

日本中、どこへ行っても空地や田畑で必ず見掛ける草の一つにメヒシバというのがある。非常に繁殖力旺盛で、これに覆いつくされている空地も多い。アスファルト道路の割れ目にもよく生える。株元より分蘖《ぶんげつ》して何本もの茎を出すが、茎は地面を這うようになり、茎の節から根を下ろし、一株でかなり大きく広がって茂る。夏から秋へかけて茎先が立ち上がり、その先にススキの穂を小型にしたような細長い花穂をあらく広げる。取っても取っても生えてくる始末に悪い雑草だが、その繊細な花穂が風に揺れる姿はなかなか優雅で独特な趣がある。葉は薄手で細長く、長い葉では先の方がやや垂れ下がり、葉の基部の葉鞘《ようしょう》には白い毛が生える。

メヒシバは雌日芝と書く。「日芝」は、向陽の地に生え、真夏の日照りにも強く、葉が芝に似ることに由来するようだが、「雌」の方は、別属の花穂がよく似ている豪壮なオヒシバに対して、姿が優しく女性的なところから付けられたものである。近頃のわが国では男女の区別がしにくい人が増えたようだが、メヒシバ、オヒシバにはこの心配はなかろう。

メヒシバと同属で、よく似て間違えられる種類にアキメヒシバというのがある。名のように花期がメヒシバより遅く、秋になって花穂を出すが、この花穂は紫味を帯びるので、これもある程度区別はつく。葉はメヒシバのように葉先は垂れ下がらず、茎や葉鞘部も、花穂同様に赤紫がかり、株もメヒシバほど大株に広がらない。

オヒシバは、メヒシバ同様ススキ状の花穂をつけるが、これはエレウシネ（*Eleusine*）という別属の植物で、やはり路傍や空地などに生える。特に人に踏み固められたようなところに多く生え、畑の中などには比較的少ない。葉は細長く平滑で緑が濃く、株元より分蘖して多数の茎を出すが、メヒシバのように茎が這って節々から根を下ろすことがなく、立ち上がって叢生する。株元から出る根はしっかりと土中に張り、引き抜こうと思ってもメヒシバのように簡単には抜けず、引き抜くにはかなりの力がいる。そのために、別にチカラグサやチカラシバの名がある。茎も繊維が強く、手で千切ろうとしてもなかなか千切れない。子供達は、この茎を二つ折りにして引っかけて引っ張りっこをして遊んだものだが、今ではこんな遊びはしなくなってしまったようだ。昔は野山の草でいろいろな遊びをすることが多く、これによって自然との付き合いを知らぬ間に覚えたものだ。

このオヒシバの変種に、シコクビエというのがある。元々は中国産のもので、その種子は穀物として食用や牛馬の飼料にもなるため、古く四国の山間地で栽培されていたためにこの名があるが、別にコウボウビエとも云う。母種とされるオヒシバより大柄で、小花穂もより大きい。コウボウビエの名はかの弘法大師が広めたのではなく、万民救済に力を尽くした弘法大師になぞらえて、この草の実が飢饉の時の救荒食糧として人々を救ってくれるところから付けられたと云われる。

オヒシバに似て、それより小柄なものにギョウギシバという多年草の種類もある（メヒシバ、オヒシバ共に春から芽を出す一年草）。日当りのよい道端や荒れ地、堤防などによく生え、海岸地でもよく見掛けるが、海辺に生えるものは特に大きく育つものが多いようだ。芽は地表を這いながら伸びて、節々から根を下ろし、また、節々から茎を立ててその先に花穂をつけるため群落を作ることが多い。メヒシバ、オヒシバなどとも別属で、ギョウギシバの語源はよく解らないらしいが、節々から立つ茎が行儀よく並ぶ様から付けられたのではないかとも思うが、どうであろうか。

野生植物、中でもやたらと生えてくる雑草類の種子は生命力が極めて強いように思う。なめるように草取りされ雑草一本生えていない畑でも、一年放置すると、どこに種子があったのかと驚くほどに雑草が生えてくる。風などに運ばれてきて生えることもあるだろうが、そうとばかりは云い切れない。すぐに発芽せずに、しつこく土中に潜んで生き残っている種子があるためらしい。そうでなければ畑に生える雑草などは生き残れなくなってしまう。メヒシバの種子もきっとそうに違いない。取っても取っても生えてくるのが、その証しだ。また、未熟な種子でも、条件が整えば芽を出すことがある。草積み堆肥を作るには、花穂が出ないうちに取ったものでないと、雑草のタネ播きをすることになる、とよく云われるのもこのためだ。

夏の草取りはメヒシバとの戦いになるが、大きく茂った株の株元を見つけて、節々から出た根と一緒にバリバリと引き抜けた時には、ちょっとした快感を覚える。小さいうちに引き抜くのはたやすいが、これはこれで根気がいる仕事だ。

エノコログサ

和名：エノコログサ
科名：イネ科
生態：1年草
別名：ネコジャラシ
学名：*Setaria viridis*

梅雨が明け、真夏の太陽が照り始めると、至る所に夏草が茂り出す。日照りが続くのにも負けずに夏草は見る見るうちに大きく茂り、こちらの方は汗を掻き掻き、蚊に刺されながら草取りに奮闘することになる。

この夏草の中で、最もよく茂るのがメヒシバだが、それと共に多いのがエノコログサだろう。葉はメヒシバより幅狭く、より細長い。分蘖《ぶんげつ》して立ち上がる茎は五〇～七〇センチメートルぐらいにまで伸び、メヒシバより硬い。全体的にメヒシバはソフトな感じだが、こちらの方はややハードな感じだ。夏も盛りとなると、立ち上がる茎上に長く太目の花穂を出し、伸びるにつれて先が垂れてくる。この花穂には細い針状の毛が密生していて、何か動物の尻尾を思わせる。エノコログサの名も、この花穂を仔犬（犬ころ）の尻尾に見立てて付けられたようだ。漢名でも「狗尾草」と云い、狗は犬のことである。

わが家には捨てられた仔猫を育てたのが何匹もいる。一日一回は戸外へ出して遊ばせるが、これを収容して家の中へ戻す時が大変。何しろ遊び盛りの仔猫のこと、あっちへ隠れ、こっちへ飛びはね、なかなか捕まえられない。そこで登場するのが、このエノコログサの花穂だ。これを採ってきて仔猫の目の前で振る。警戒してなかなか近づかなかった仔猫、気が変ったように花穂に飛びついてくる。そこを難なく捕まえる、という寸法だ。エノコログサの花穂ならずとも、動く物に興味を示すのは肉食獣の本能的な性質だろう。そこら中に生えるメヒシバの花穂にも反応はするが、どの仔猫も一番反応するのはエノコログサの花穂だ。ペットショップで売っている仔猫の遊具でも、このエノコログサの花穂を模したものが多い。そのため、別名をネコジャラシと云う。この名の方が一般的で、エノコログサと云って解らない人でも、ネコジャラシと云えば解ってもらえる。

本名は犬に関わる名前だが、別名に猫の名が付いているのが面白い。このネコジャラシの名は、東京での方言だと云うが、東京以外の地方ではどうなのだろうか。

学名の属名セタリア（*Setaria*）とは「刺毛《しもう》」という意味で、この仲間の小花の一つ一つの付け根に何本もの針状の長い毛があるためで、これが円筒状花穂の外側に密生した毛のように見える。この毛は、イネやムギなどのイネ科植物に多く見られる芒《のぎ》とは違うものである。

エノコログサには幾つかの変種がある。海岸地帯に生えるものがハマエノコログサと云い、小型で高さは一五〜二〇センチメートル、花穂も短く先は垂れ下がらない。エノコログサの花穂は淡緑色だが、時に紫褐色のものがある。これも変種の一つで、花穂の色からムラサキエノコログサと云う。この三種は同種であるが、この一族にはいろいろな別種がある。今ではあまり食べられなくなってしまったが、昔、重要な穀類の一つであったアワもこの仲間で、花穂が太く大きいアワと、それより花穂が細いコアワとに分けられる。アワは一般に粟と書くが、これは正しくはコアワのことで、普通のアワは粱とするのが正しいそうだ。

小さな粒を粟粒大と表現するが、以前、女子短大で講義をしていた時、「粟粒大」と云ったら、その意味がよく解らないらしく「粟って何ですか」と聞かれてがっくりしたことがある。考えてみれば、近頃の若い人達は粟などは口にしたことがないだろうし、知らなくても無理はないかもしれない。しかし、今でも粟餅は売られているし、甘味店に行くと、知ってか知らずか粟善哉を食べている女の子を見掛ける。でも、やはり斜陽の穀物になってしまっているのは事実のようだ。最も利用されているのは小鳥の粒餌としてかもしれない。

「小鳥の粒餌に使われているヨ」

と云うと、

「ああ、あれか。それなら知っている……」

このほか、エノコログサに似て別種のものに、花穂が金色がかった黄色いキンエノコログサというのがあり、夕陽に照らされて金色に輝く姿は美しく、観賞用にしてみたいほどだ。普通のエノコログサもドライフラワーにして用いると、その美しい姿が、ハードな感じのするほかのドライフラワーの硬さを和らげてくれる。

メヒシバの花穂もなかなか風情があるが、エノコログサの花穂が風に揺らめく姿は大変のどかだ。夕暮れに、その花穂が垂れ下がるように浮かぶシルエットは心に染みる美しさである。

メヒシバと同じく、夏草の雑草として畑や花壇に生えると、植えてあるものを傷めてしまうので、花穂に見とれながらも抜き取ることになる。メヒシバほど茎の節からはあまり根が出ないが、かなりしっかりと土の中へ根は張っている。オヒシバほどではないが、引き抜くにも少々力がいる。

引き抜いた株の花穂は、仔猫のお土産にでも持って帰ることにしよう。

スベリヒユ

和名：スベリヒユ

科名：スベリヒユ科

生態：１年草

学名：*Portulaca oleracea*

メヒシバなどの夏草をきれいに取ったあとに、待ってましたとばかりにやたらと生えてくるのがこのスベリヒユ。先の丸い楕円形の艶のある多肉質の葉をつけ、茎は太目でこれも多肉質。株元より枝分かれして、地面にベタッと広がって茂る。夏中、枝先によく見ないと解らないくらい小さな五弁の黄色花を咲かせる、昼咲きの一日花である。葉に艶があり、スベスベしているのでスベリヒユと名付けられたとも、茹でて食べるとぬめりのあるところから名付けられたとも云う。ただし、ヒユとは無関係の植物である。

戦争中の食糧難の時、食べられる野草を片っ端から食べたが、その中で、けっこういけたのがこのスベリヒユだ。茹でてひたし物にするとぬめりがあって、ちょっと酸味のある独特の味わいがある。面白いことに、豚がこれを好んで食べることだ。豚にとっても珍味であったのかもしれない。もっとも、今のような飽食の時代にスベリヒユを食べる人もいないだろうし、おそらく豚も豊富な人工飼料にならされているから、与えても食べないかもしれない。

昔から、夏花壇を彩るポピュラーな草花にマツバボタンがあるが、これがスベリヒユと同属の植物だと云ってもなかなか信じてもらえない。しかし、同属の植物で花壇用草花として人気のあるものがもう一種類ある。ハナスベリヒユがそれだ。

マツバボタンの方は、葉が短い針状で松葉を思わせ、花がボタンの花を小さくしたようなので松葉牡丹と名付けられた。南米原産の一年草で、赤、ピンク、白、黄、オレンジ、赤紫と花色豊富で、八重咲きのものなどはまさにボタンの花型にそっくりである。江戸時代に渡来し、馴染み深い草花となったもので、日照りと乾きに非常に強く、ヒデリソウの別名があるほどだ。

ハナスベリヒユは、今から二十年ほど前から登場した種類である。マツバボタン同様、南米原産で、その名のようにスベリヒユそっくりの茎葉でマツバボタンと同じ花を咲かせて、花色も多い。マツバボタンは夏場が花盛りで秋の彼岸頃に終る一年草だが、ハナスベリヒユの方は十月頃まで長期間咲き続けるため、近頃はマツバボタンの人気をすっかり奪ってしまっている。多年草だが、沖縄あたりまで行かぬと戸外での冬越しは難しい。また、ほとんど種子がならないので、プロの人達は親株を温室内で冬越しさせ挿し木で殖やし、その苗を春から売り出す。

このハナスベリヒユ、その名で売り出したが、売れ行きが芳しくなかった。どうも、スベリヒユの名に雑草的イメージがあったためらしい。そのうち誰が考えたか、ニュー・ポーチュラカという名で売り始めたら、とたんに売れるようになった花である。ポーチュラカとはこの一族の属名で、以前はその代表的草花ということでマツバボタンがこの名で売られていた。そこで、このハナスベリヒユを新しいマツバボタンということでニュー・ポーチュラカと名付けたわけだ。まさにネーミングの勝利というところだ。ところが、何でも略したがるわが国ではニュー・ポーチュラカの「ニュー」がいつの間にか略されてしまい、昨今はただポーチュラカとして売られている。たぶん、マツバボタンが「俺の名前を奪われた」と怒っているに違いない。

野生しているスベリヒユには、より大型で茎が立ち上がるようにして茂るタチスベリヒユという変種があるが、これは実際にはスベリヒユとの区別がしにくく、この二種まとめてスベリヒユと呼んでも差し支えないだろう。

この一族の果実は面白い構造をしている。花後、小さな丸い果実をつけるが、種子が熟すと上半分が蓋を開けたように取れて、中の種子がこぼれ落ちる。種子が蓋物入りというわけだ。種子は黒く、芥子粒よりまだ小さい。

夏に咲く花には一日花がよくある。アサガオ、マツヨイグサ、フヨウ類などのほか、このスベリヒユ一族も同様で、朝開いて午後にはしぼんでしまう。しぼむ時間はだいたい昼過ぎだが、時には夕方まで咲いていることもある。虫媒花は花粉がついて授精されれば開いていなくてもかまわない。アサガオもスベリヒユ類も、花粉がついて授精が終ると間もなくしぼんでしまう習性がある。夕方まで咲いているのは、うまく授精が行われなかったと見てよいだろう。種子が稔りにくいハナスベリヒユが、マツバボタンよりも長時間開いていることが多いのも、これが一つの理由と考えられる。

花壇の縁取りに植えたハナスベリヒユの苗、日に日に大きくなってきたが、この場所にスベリヒユが生えてきた。これを抜き取らないと肝心のハナスベリヒユが負けてしまう。さて、抜こうと思うが、花が咲いていない両種ではどれがハナスベリヒユか、ただのスベリヒユか、見るほどに区別がつかなくなってしまう。私ですら、ハナスベリヒユを抜いてスベリヒユを残してしまうことがある。嗚呼……。

ツルボ

和名：ツルボ
科名：ユリ科
生態：多年草
別名：スルボ、
サンダイガサ
学名：*Scilla scilloides*

七月は新盆《しんぼん》、八月は旧盆となるが、新暦になってから一世紀以上も経つのに、お盆となると未だに旧盆に墓参りをする人が多い。私が世話になっている寺の墓地も、八月に入ると旧盆を控えて墓掃除に訪れる人が多くなる。所狭しと生えていた雑草もきれいに取り除かれてさっぱりとした墓の周辺に、この時を待っていたかのように花茎を伸ばして咲く花がある。ユリ科球根草花のツルボである。一五〜二〇センチメートルに伸びる花茎の先に、うすい小豆色の小さな花を、長い円錐状の花穂にぎっしりとつける。普通の植物は茎葉が出て、その後に花を咲かせるが、このツルボは花時には葉が出ておらず、花が咲き終ってから細長い葉を出してくる。

ヒガンバナ類はイヌサフランなど夏植え球根と呼ばれるものには、夏から秋へかけて、まず花だけ先に咲いて、花後葉を伸ばすものが多く、中にはナツズイセンのように夏に咲いて、春になって葉を出す種類もある。ツルボも、園芸的に云うならば、この夏植え球根の部類に入るが、園芸種としては全く扱われていない。しかし、その花はソフトな感じで、これが群生して咲くとけっこう美しい。園芸的に扱われていないのがちょっと不思議な気がする。

ツルボの正式名をスルボとする説もあるが、ツルボの名の方が一般的である。スルボ、ツルボ共にその語源は不明とされているが、別名のサンダイガサは、その花穂の姿が、昔の貴人が参内する時に供人が後ろより差しかける傘をすぼめた時の形に似ているからと云われる。なかなか味わいのある名前だ。

中国にも野生するとみえて、あちらでは「綿棗児《めんそうじ》」と名付けられていて、学名もスキルラ・キネンシス（*Scilla chinensis* 中国産の意）とする場合もある。古くはスキルラ・ヤポニカ（*Scilla japonica*）の学名が当てられていたが、今ではスキルラ・スキロイデス（*Scilla scilloides*）として扱われていることが多い。

スキルラ属には園芸的に扱われている種類が幾つもあるが、栽培されているのは、ほとんどスイセンなどと同様の秋植え球根類に属するもので、早春から春へかけて咲く。園芸上では、スキルラを英語読みしてシラーと呼んでいることが多い。

まだ寒さの厳しい二月の頃、七〜八センチメートルに伸びる芽を出して、藍青色の可愛い花を数輪、短い穂につけて咲かせるのがスキルラ・シビリカ（*Scilla sibirica*）で、名のようにシベリアからヨーロッパへかけての山の向陽地が生れ故郷。これとよく似た種類にスキルラ・ビフォリア（*Scilla bifolia*）がある。シビリカは葉が三〜四枚出るが、こちらは二枚しか出ない。この二種は早春に咲く、ごく小型で可愛いらしい球根草花だが、これが同属かと思うほどに大型の種類もある。高さ三〇〜四〇センチメートルに伸びる太い花茎を立て、六弁藍青色の小花を傘形の大きな花房にぎっしりと咲かせるスキルラ・ペルウィアナ（*Scilla perviana*）がそれである。「ペルー産の」という種名が付いているが、ペルーどころか実際にはポルトガルから北アフリカ産のもので、種名が地名になっているものには、そのまま鵜呑みにするととんでもないことになりやすい。どうして直さないのだろう。

スキルラ類で園芸的に最もポピュラーなのが、スペインなど南欧産のスキルラ・ヒスパニカ（*Scilla hispanica*）で、種苗店などではスキルラ・カンパヌラタ（*Scilla campanulata*）の名で売られていることが多いが、ヒスパニカと同種のものである。皮のない真っ白な球根で、五月頃、二〇～三〇センチメートルの花茎を伸ばし、青、ピンク、白などの可憐な釣鐘形の花を十余輪、半ば垂れ下がるように穂状につける。ヒアシンスの花穂を引き伸ばした感じで、子供の頃、ヒアシンスの原種ではないかと思ったことがあるが、同じユリ科の球根植物でも縁は遠い。

スキルラ属の植物はユーラシア大陸に約百種があると云われ、スキルラとは「害のある」という意味で、同属の植物には強心性グリコシッドのスキラインやスキリンなどの有毒成分を含むものがあるためらしい。ところが、わが国では江戸時代の天明大飢饉の時に、四国や九州のある地域では、食べる物に困ってこのツルボの球根まで掘って食べ、飢えを凌いだという。ということは、ツルボには毒成分がないのだろうか。もっとも、同じように飢饉の際に、有害なヒガンバナの球根から澱粉を工夫して取り出し、これで飢えを凌いだそうだから、ツルボの場合にも、このような工夫がなされたのかもしれない。

ツルボは花後にたくさんの種子をつけ、これが飛び散ってどんどん殖えるので、野生するところでは群落を作り、花穂が林立して、うす紫の敷物を敷きつめたようになる。

ツルボの花が咲き終ると、そろそろ涼風が立つようになり、秋の彼岸の頃には葉が出はじめ、周りでは真っ赤なヒガンバナが咲き出す。

ノカンゾウ

和名：ノカンゾウ

科名：ユリ科

生態：多年草

学名：*Hemerocallis fulva fulva*
-var. longituba

野の花の中で大輪の美しい花を咲かせるものはそれほど多くないが、ユリの花に似たオレンジ色の美花を咲かせるカンゾウ類は、園芸用の草花にも引けをとらない美しさを持つ。この仲間は、わが国に野生種が多く、カンゾウの国とでも云いたいが、その代表種がこのノカンゾウだ。田圃の畔や小川の辺、農道の縁など、夏の訪れと共に群生して咲くことが多い。六〇〜八〇センチメートルに伸びる花茎を立て、その先に二股、三股と枝分かれして蕾をつけ、下の方から次々と花を開くが、この花は一日花で、夕方にはしぼむため、英名ではデイ・リリー（Day Lily）と云う。属名のヘメロカルリス（*Hemerocallis*）も「一日の美しさ」という意味である。

花の色は、普通はオレンジ色だが、個体によってかなり濃淡があり、時に黄色や赤の花を咲かせ、ユウスゲと呼ばれる色変り品種もあって、思いのほかバラエティに富む。

ノカンゾウは漢字で書くと野萱草であるが、萱草とは、この仲間の八重咲き種のワスレグサ、通称ヤブカンゾウのこととされている。昔、中国では、この花を見ると憂さを忘れると云われ、忘れるという意味の「萱」の字をとって萱草と呼んだという。ワスレグサの名もそこから来ている。

さて、このヤブカンゾウ、元々は中国原産で、いつの時代にか、何の目的あってか、わが国へ渡来し、各地に居着いてしまった古い帰化植物の一つらしい。ところが、一つ不思議なことがある。この植物、八重咲きであると共に、全く種子をつけない不生女《うまずめ》植物なのである。渡来後、どのようにして全国に広まったのだろうか。同じように中国から渡来し、種子がならないヒガンバナは、その澱粉を利用するために人手によって広がったことが解っているが、このワスレグサには、どう考えてもそのような有用性がない。

東京の多磨墓地の隣りにある浅間山《せんげんやま》というところに、ムサシノカンゾウと呼ばれる、ここにしかないと云われた特殊な種類がある。中学生の頃、奥多摩に採集旅行に行った折り、川井辺りの多摩川沿いに五月頃咲く特殊なカンゾウがあると生物の先生に教えられたことがある。後年、私の親友でカンゾウ類の蒐集をしていたTさんにこの話をしたところ、早速出掛けて調べてみたが、どうしても種類が解らず、謎のカンゾウということになってしまった。Tさん、かなりあちこちを訪ねて調べ廻ったようだが、最後に上野の科学博物館の植物研究室へ行き、これが浅間山に野生するムサシノカンゾウと同種のものであることが解った。

奥多摩と浅間山、同じ東京都には属するが、かなりの距離がある。なぜ、ムサシノカンゾウがこの二カ所に点在しているのか、いろいろと考えてみたが、一つ思い当たる節がある。大昔、多摩川は北に位置する浅間山の裾を流れていたそうだ。これが正しいとすれば、奥多摩に野生していたものの株が大水で流されて、下流の浅間山の麓に漂着して居着いたという推理が成り立つ。これと同じようなことがヤブカンゾウに起こることもあり得ようが、全国に分布するとなると、この推理には無理が生じてしまう。はてさて、ヤブカンゾウの広がり方は、今後の研究を待つより仕方がないようだ。

さらに、奥多摩の多摩川辺りでしか見られないムサシノカンゾウが浅間山まで運ばれて居着いたとすれば、それでは、この多摩川辺りのムサシノカンゾウ、どうして誕生したのだろう。形態的に、高原に咲くニッコウキスゲに近く、奥多摩の山々に野生していたものが、多摩川を下って分化したものかもしれない。

ニッコウキスゲというと、夏の高原を飾る代表的な花で、オレンジ色の美花を群生して咲かせる光景には誰もが感嘆の声を放つ。本名はゼンテイカと云い、北海道のものはエゾゼンテイカと云う。

これらのほかにも、夕方から香りのよいレモンイエローの花を咲かせる夜開性のユウスゲ、海岸地帯を居とする大型のハマカンゾウ、最も早く晩春に咲く小型のヒメカンゾウなどなど、晩春から夏へかけて、次々といろいろな種類がわが国の山や野辺、海辺を飾る。

江戸時代には、多くの植物が品種改良され園芸化されたが、花が美しいにもかかわらず、カンゾウ類は手がつけられていない。あまりにもあちこちに咲くので、珍しがられなかったためかもしれない。ところが、これに目をつけたのが欧米の人達で、向うではかなり前から注目されて、幾つもの園芸品種ができていたが、近年、アメリカでは人気ベストテンに入る花として盛んに品種改良が行われている。アマリリスのような巨大輪種や、弁周に洒落たフリルのあるもの、花色もオレンジや黄色のほか、真っ赤なもの黒紅色のもの、優美なサーモンピンクや白に近いもの、近頃ではくすんだ色で美しいとは云えないが、紫色系の品種までできているし、ミニ・カンゾウとも云える小輪種や豪華な八重咲き種もある。

最近、これらの改良種が続々と輸入され、市販されるようになった。その元はと云うと、中国産種もあるが、日本産種が多い。まさに錦を飾って故郷へ帰ってきたと云ってよかろう。

ネジバナ

和名：ネジバナ
科名：ラン科
生態：多年草
別名：モジズリ
学名：*Spiranthes sinensis*
-var. amoena

この頃、郊外へ出ると道路を拡張したり、新しく広い道ができているところが多く、中央にグリーン・ベルトを設けてある場所もかなりある。そこには木が植えられていたり、時には花壇が作られていることが多いが、芝生になっていることもよくある。この芝生の中にピンク色のごく小さい花を、細い槍状の花穂に細々《こまごま》とつけている花が一面に咲いているのを見掛けることがある。モジズリとも呼ばれるネジバナの花だ。わが国に野生するラン科の植物だが、ランというと高貴な花というイメージが強く、かの『レッド・データ・ブック』に挙げられるものが多く、ネジバナのように雑草的に生えてくるランはほかにはないだろう。といっても、やはりランである。その可憐な姿は愛すべき野の花の一つといえよう。群生しているものなど、芝生一面が淡くピンクに染まることもある。

ややや短めの、細長い根生葉の中から二〇センチメートル前後に伸びる花茎を立て、ピンクのごく小さい花を長い花穂に、ぎっしりと巻きつくようにつける。このように花を螺旋状につけるものは、ほかにはあまりないのではなかろうか。そのために、ネジバナもモジズリの名も、その花が螺旋状に捩れてつくところから名付けられたものだ。属名のスピランテス（*Spiranthes*）も「螺旋状の花」という意味である。蔓草《つるくさ》類の巻きつき方は一定方向に決まっているが、このネジバナの捩れ方は右巻きもあれば左巻きもあって一定していないという。

花の色には、個体によってかなりの濃淡差があり、時に白花のものもあるし、稀に緑色花もあって、これはめったにお目にかかれない。

屋久島という島は不思議なところで、植物には小型のものが多く、ヤクシマシャクナゲ、ヤクシマススキ、ヤクシマリンドウなど、「ヤクシマ」の名を冠したものはスギ以外はみな、そのグループ内では小型種である。ネジバナにも、同島産のヤクシマネジバナという小型種がある。丈も、花も、葉も、全体が小型でミニ・ネジバナというところ。珍しいことと、大変可愛いので、山野草界では珍重され、好事家の手によって培養されている。

わが国では、昔からシュンラン、エビネ、セッコク、フウランなど、園芸的に培養観賞される国産種のランが幾つもあり、最近では品種改良も進み、ウチョウランやアワチドリなどブームになっているものもある。ネジバナも、その花は実に可憐で観賞に値するが、山野草的に栽培されることはあっても、あまりにもどこでも野生があるためか、今まで、それほど顧みられてはいなかったようだ。ところが最近、これの斑《ふ》入り葉種が見つかって、これを「小町蘭」と称して、主に岡山県などの好事家の間でもてはやされているという。もっとも、これは斑入りのはっきりしている芽出し時が観賞の時期らしく、花には重きを置いていないらしい。セッコクやフウランも斑入り葉品種が珍重され、それぞれ「長生蘭」、「富貴蘭」と称してもてはやされるが、これとよく似ている。日本人は古来、斑入り大好き民族のようで、万年青《おもと》、観音竹、万両などの古典園芸植物も、斑入り葉種ほど高価に扱われる。

モジズリの名のつくランがもう一種類ある。山地に生えるミヤマモジズリがそれで、その花容がモジズリに似て山地に産するのでこの名があるが、モジズリ（ネジバナ）の仲間ではなく、別属のランである。ネジバナの方は根は白い多肉質だが、ミヤマモジズリは地下に球状の塊根があるし、葉は広楕円形の根生葉を二枚つける。地に生えて育つ地生ランの中には、このような球状の塊根を持つものがよくあり、この塊根の形が睾丸を連想させるところから、オルキス（*Orchis* ＝睾丸）、そして英語名オーキッド（Orchid）となったようだ。この高貴な花の総称オーキッドの語源が睾丸とは、少々興醒めな話だ。

ネジバナは草原などにも生えるが、最もよく見掛けるのは芝生の中である。よほど芝生がお好きなようで、初めはシバと共生関係にあって、半寄生的に芝生に生えるのではないかと考えていたが、必ずしもそうではないらしい。ラン類の種子は無胚乳種子といって、ほかの植物のように発芽の時に必要なエネルギー源となる胚乳なる栄養源を持っていない。種子を普通に播いたのでは、ほとんど芽が出ない。自然では種子で殖えているわけだが、それには面白い仕組みがある。ランの根に寄生するラン菌という菌がいて、ランから栄養をもらうお返しに、ランの種子がこぼれ落ちると、この種子に取りついて発芽に必要な栄養を補給するのだそうだ。昔、ランの種子はランの株元に播くとよい、と云われたのもそのためである。最近は発芽に必要な栄養素を仕込んだ培養基に播く方法が行われ、これによってランの品種改良が飛躍的に進んだ。

ネジバナが芝生に多く生えるのも、ネジバナの種子の発芽が、芝生に好条件を与えられているからだという気もするが、これは単に私の憶測に過ぎない。

ツユクサ

和名：ツユクサ

科名：ツユクサ科

生態：１年草

別名：ボウシバナ、アオバナ、ツキクサ

学名：*Commelina communis*

茂り始めると茎を長く伸ばし、地を這って枝分かれする茎の節々から根を出し、ほかの植物を覆い隠すほど生い茂って閉口する雑草の一つだが、その花を見ると、ハッとするほど美しいのがこのツユクサだ。澄んだ真っ青な花は、青い花の中でも一際美しい色合いだ。

そして、その花の構造がまた面白い。外側の下につく花びらの三枚は無色で小さく目立たないが、内側につく花びら三枚のうちの二枚は、丸く大きく、耳を立てたように開き、青く色づく。残る一枚は小さく、大きく開く二枚の陰に隠れて見えない。ということは、ちょっと見ると花びら二枚に見えるが、実は計六枚あることになる。さらに変っているのは雄蕊《おしべ》だ。雄蕊は六本あるが、そのうちの二本は前に長く突き出して、花粉を持つ葯《やく》をつける。残りの四本は短く奥へ引っ込み、葯が扇状に変形していて黄色く色づく。そして花粉を出さず、男性としての機能を果たしていない。ところが、この性的不能の葯の黄色い色が、花びらの青い色をより引き立てていてよきアクセントとなっている。青い色は、昆虫の反応度が低いらしいが、中心部の性的には役立たずの雄蕊の黄色い色が、この奥に蜜ありという目印になって、虫を惹き寄せる役を果たしているのだろう。黄色や白い色は昆虫がよく反応すると云われ、反応の鈍い赤色系や青色系花には、花芯部が白かったり黄色かったり、あるいは真っ黄色な花粉を出すものが多いが、これも虫を惹き寄せる巧妙な手段で、このツユクサの不稔の葯も同じ働きをしているわけだ。いわばレストランの看板のようなものだ。径二センチメートルほどの小さな花だが、よく観察すると、その造形の妙に感心させられてしまう。

ツユクサは露草と書くが、草が露を帯びたような感じから付けられたと云われる。時に「梅雨草」と思われるが、これは誤りで露草が正しい。確かにこの花は梅雨時ではなく、梅雨が明け、真夏から秋へかけて咲き出す。別にボウシバナという名があるが、苞《ほう》が縦に二つ折れになり、蛤《はまぐり》が口を開いたような形になって、その間から花を開く様子が、帽子を被ったように見えるところから付けられた名である。アオバナという別名もあるが、これはもちろん花の色そのものの名だ。古名のツキクサは「着草」の意で、この花で布を青く刷り染めたことによるそうだ。アヤメの仲間のカキツバタが、その花汁で布を刷り染めるところから、書附花《かきつけばな》が転じてカキツバタになったというのによく似ている。

普通のツユクサも一輪一輪を見ると美しい花だが、この変種で、大柄で花も大きいオオボウシバナというのがあり、観賞用として栽培されることがある。元々は滋賀県（近江の国）辺りで古くから染色用として栽培されていたもので、その青い花汁が友禅染の下絵を描くのに使われていたとも、青紙を染めるのに用いられていたとも云う。

ツユクサの美しさは、その青い花の色にあるが、時に白花のものや、うす紅色がかるもの、青と白の混じるものなど色変り品種が見つかる。草型をコンパクトにして、花付きをよくしたら、立派な花壇やプランター用草花になると思うが、このような改良は未だに行われていないようだ。あまりに雑草的なイメージが強いので、手がつけられていないのだろう。

植物の病気にもウィルスによる病気があり、多く見られるのはモザイク病と呼ばれる病気だ。ウィルスによる病気であるため、農薬などによる治療は全く無効で、一度罹ったら治らない不治の病というわけだ。これに罹ると、茎や葉の色に濃淡の細かい絣《かすり》状の絞り模様が現れ、これがモザイクのように見えるところから、この名が付けられている。花にも絞り模様が出ることがあり、赤いチューリップを植えたら、次の年に赤と白の絞り模様の花が咲いて、これは珍しいと不思議がられることがある。隣りに白いチューリップを植えたので交雑してしまったと思う人もいるようだが、そのようなことはなく、これはチューリップのモザイク病の症状で、チューリップは特にこのモザイク病に罹りやすい。モザイク病に罹ると生長が悪くなり、萎縮してくることが多い。しかし、急に枯れるということはなく、多年生の植物ではジリ貧で年々弱ってくる。多くは汁液伝染で、アブラムシやウンカなど吸汁害虫によってうつることが多い。いわば、植物のエイズのような病気である。

この病気は栽培植物によく発生し、発生したら抜き取って焼き捨てるより方法はないが、野生植物で罹っているのを見ることは非常に少ない。不治の病は、種の存続に大変不利であるからだろう。ところが、このツユクサにはモザイク病に罹っているものをよく見掛ける。生長期には発病しているのを見ないが、生長の盛りを過ぎた頃に、芽先が縮れてモザイク斑を現す。種の存続には不利のはずだが、このウィルスは全草に広がっても種子には移行しないそうだから、毎年種子を落として殖える一年草のツユクサにとっては、モザイク病に罹っても存続に支障がないのだろう。

ドクダミ

和名：ドクダミ
科名：ドクダミ科
生態：多年草
学名：*Houttuynia cordata*

身近にある野草の中で、茎葉に悪臭を持ったものと云えば、先のヘクソカズラなどがその筆頭であろうが、それにも劣らないのがドクダミだろう。ヘクソカズラは名のように屁糞というにおいだが、ドクダミの方は生臭さと青臭さが入り混じったような独特のにおいで、このにおいを好きだという人はまずいない。

どちらかというと、湿っぽい日陰や半日陰に生えやすい草だが、地下に白い地下茎を縦横に張りめぐらし、そこからたくさんの芽を出してたちまち群生してしまう。地下茎で殖える雑草は、ヒルガオにしろヤブガラシにしろ、退治するのに極めて厄介だ。少しでも地下茎が残れば、すぐにまた芽を出してくる。完全に地下茎を掘り出さなければなくならないが、これは実際には不可能に近い。ドクダミもその例に漏れず、取っても取ってもすぐに出てきて根負けしてしまう。

生え出すと始末に悪い憎き雑草だが、初夏に咲くその花は意外に清楚で美しい。径三センチメートルぐらいの真っ白な四弁の花を咲かせ、濃緑色ハート形の葉との映りもよい。ただし、花びらと見えるのは本当の花びらではなく、葉の変形した総苞片《そうほうへん》と呼ばれるものだ。本当の花は、中心に棒を立てたように突き出している花穂に密集してついている、ごく小さな淡黄色の部分だ。

わが国では、花は美しくともやたらにはびこって嫌われ者の雑草だが、西洋では、東洋のエキゾチックな花として庭に植えて観賞する。こんなものを植えたら、はびこって始末に悪くなるのではないかと余計な心配をしたくなる。

面白いことにこのドクダミ、昔の人はその美しさに目をつけてか、幾つかの園芸品種を作った。一つは八重咲き種で、総苞片が幾重にも重なって八重咲きとなる。このほか白の斑《ふ》入り葉で、白い部分が赤味を帯びる葉色の美しい「五色葉《ごしきば》ドクダミ」という品種がある。以前、英国を旅した時、ロンドンのとある園芸店の店先に、この五色葉ドクダミの鉢植が売られているのを見た。わが国では、私はそれまで見たことがなかったので、大変珍しく思った想い出がある。近頃はわが国でも園芸店で売られるようになったが、ひょっとすると向うへ渡ったものを再輸入して殖やしたのかもしれない。

ドクダミという名を聞くと、嫌なにおいを持つ草というイメージがあるためか、何か毒々しい響きを感じる。「毒痛み」から転じてドクダミとなったという説があるが、あまり定かではない。「毒痛み」と云われると、この植物が毒草で、これにあたって痛み苦しむのではないか？　と思うかもしれないが、毒草どころか、この草、大変役立つ薬草として昔から広く利用されていて、そちらの方では「十薬」と称している。これは馬に飲ませると十種の病気に効くからとの説があるが、正しくは漢名「蕺《しゅう》」から来ていて「十薬」ではなく、「蕺薬」が正しいようである。毒痛み説も、毒痛みではなく「毒止め」あるいは「毒矯《どくだ》め」に由来するとも云われ、こちらの方が素直に肯ける。

このドクダミ、確かに種々の薬効があり、生葉には、臭気の元となるデカノイルアセトアルデヒドという長ったらしい名の、殺菌作用のある成分を含み、化膿を防ぐためには、この生葉をもんで貼ると効果があるという。また、乾かした葉を煎じて飲むと、利尿、緩《かん》下《げ》（便通）などに効能があるほか、動脈硬化の予防にもなると云われ、特に副作用もないようなので、生薬ばやりの今日、再び脚光を浴びているようだ。

声楽家であった私の母は、私が子供の頃、蓄膿症で悩んでいた。手術をすれば治ると云われたらしいが、手術をすると声が変るおそれがある。どうしようかと真剣に悩んでいたが、マネージャーの人に、ドクダミを煎じて飲むと治ると云われ、早速飲み始めた。初めは薬局から乾燥した蕺薬を買ってきていたが、わが家の庭には、春からはやたらとドクダミが生える。花が咲く頃が採取時と聞き、花が咲き出すとドクダミ採りが始まる。私も手伝ったものだが、その臭さにはいささか閉口した。採ったドクダミは軒下に吊るして陰干しをして貯蔵し、毎日煎じて飲むわけである。三年続けないと治らないと云われたが、母の蓄膿症、一年後にはすっかり治ってしまい、その後再発もせず、手術による声変りも避けられて、まさにドクダミ様々であった。私は別に蓄膿症ではなかったが、母にお相伴をしてよく飲んだものだ。あんな臭いものがよく飲めると思われるかもしれないが、干したものは煎じると全く臭みがなくなってしまう。美味しいというものではないが、けっこういける。最近はドクダミ茶としてティーバッグ詰めのものが売られているが、これだと手軽に飲める。

このようにドクダミ、一方では嫌がられるが、一方では薬草として重宝がられる。初夏の一時、咲きそろう白い花には清々しい静けさが漂う。この時ばかりは、あの嫌なにおいを忘れるほどだ。

ゲンノショウコ

和名：ゲンノショウコ

科名：フウロソウ科

生態：多年草

別名：イシャイラズ、リビョウソウ、ウメヅル、アカヅル、ネコアシ

学名：*Geranium nepalense subsp. thunbergii*

古くから民間薬として用いられる薬草の中で、最もよく知られているのがゲンノショウコだろう。下痢止め、といえばゲンノショウコと云われるように確かによく効く。その効果は抜群で、飲めばたちどころに下痢が止まるということで「現の証拠」という名が付けられた。

フウロソウ科の多年草で、全国の原野、空地、路傍などに野生し、茎は地を這うように長く伸びて茂る。葉は三〜五裂する掌状葉で、茎葉に微毛が生えソフトな感じがする。夏から秋へかけて、枝先の方に可愛い梅の花のような花を咲かせる。花の色は白、ピンク、赤桃色と、かなり幅があるが、東日本では白花（白地に紫のすじが入る）が多く、西日本ではピンクや赤桃色花が多いと云われる。赤桃色花のものはなかなか美しく、近頃、これを鉢植えにしたものが観賞用として売られていることがある。

この仲間、フウロソウ属は学名をゲラニウム属（*Geranium*）と云い、北半球、南半球いずれにも多くの種類があり、わが国にもゲンノショウコによく似たミツバフウロやコフウロのほか、高原や北地には、アカヌマフウロやハクサンフウロ、チシマフウロ、グンナイフウロなど、花の美しい種類がかなりある。

プランター植えにして窓辺を飾る花として利用される草花にゼラニュームというのがある。このゼラニュームという名はゲラニウムのことで、こうなると、ゼラニュームとゲンノショウコは兄弟分？　ということになる。昔は確かに同属の兄弟分であったが、分類学が発達すると共に、いわゆるゼラニュームは分家されて、ペラルゴニウム属（*Pelar-*

gonium）という新属の一員になってフウロソウ属ではなくなった。ところが、ゼラニュームはゲラニウム属として扱われていた頃に園芸化され、ゲラニウム＝ゼラニュームの名で売り出されたために、学術的にはペラルゴニウム属に変っても、未だにゼラニュームの名を踏襲し続けてしまっているわけである。このような例は園芸植物には時々あって、一般にアマリリスで知られている球根草花は、古くはアマリリス属（*Amaryllis*）の一種とされていて、その頃に園芸化されたものだが、その後、ヒッペアストルム属（*Hippeastrum*）という新属に移籍されても、未だに旧属名のアマリリスの名で扱われている。

薬草類は、その成分が花時に最も増加するものが多く、ゲンノショウコもこの時期に採取して陰干しにして貯蔵し、これを煎じて飲むことになる。主成分はタンニンで、下痢止めとして使われるが、昔は赤痢の治療や予防にも用いられていたことがあるという。ただし、これは赤痢菌を殺すのではなく、赤痢による激しい下痢を軽減させる効果のためであろう。このほか、口内炎や扁桃腺炎の際に、この煎汁でうがいをするとよいとも云われるし、皮膚のかぶれや湿疹に冷した煎汁で湿布をすることもある。近頃、ハーブ類を利用した浴用剤がはやっているが、このゲンノショウコも浴用剤としてもよく、体が温まると云われる。

主に下痢止めとしてよく知られた薬草だが、このようにいろいろな効果があり、民間薬的薬草のナンバー・ワンと云われるのも肯ける。まさに「現の証拠」というわけだ。

薬用ではないが、草木染めの染色用としても用いられることがあり、鼠色や黒色を出すのに使われるという。

このゲンノショウコ、白花のものと赤花のものとがあるが、どちらの花色の方がよく効くか、という論議がある。面白いことに、白花が多い関東では、赤花の方が効くと云い、赤花の多い関西では白花がよく効くと云う。実際には花色の違いにかかわらず、その効果は変らないそうだから、どちらでもよいということである。なぜ、このように云われるのか。たぶん関東では赤花が珍しく、関西では白花が珍しいため、珍しいものの方がよく効くという心理的なことであるらしい。

古くから、手軽に扱える薬草として、広く全国的にどこにでも野生するため、正式名ゲンノショウコのほか、イシャイラズ（これは近頃流行のアロエの別名でもあり、効用の広いものをこのように呼ぶのであろう）やリビョウソウという別名もあり、これは赤痢に効くということから付けられたものと思うし、ウメヅルという別名は、茎が地を這うように蔓《つる》状に長く伸び、梅形の花を咲かせるから、というところか。このほかにも、アカヅルやネコアシなど、何と百以上におよぶ地方地方の方言名があると云われる。いかにこの草が、われわれ庶民の生活に密着していたかがうかがわれる。

雑草的に、各地にはびこる野草だが、これだけの効用があると、いわゆる雑草としては扱えなくなる。しかも、その可愛い梅形の花を見ると、心惹かれる思いもする。

フウロソウ類は内外種を問わず、山野草としていろいろな種類が、鉢植えやロック・ガーデンなどに植えられて楽しまれるが、ゲンノショウコもその一員にしてやりたい。

カタバミ

和名：カタバミ
科名：カタバミ科
生態：多年草
別名：スイモノグサ
学名：*Oxalis corniculata*

取っても取っても生えてくる。これは雑草共通の特性かもしれない。夏草のメヒシバなど、その最たるものだが、カタバミもその一つだ。庭に、道端に、どこにでも生えてくる。鉢植の中にもよく生える。芽生えた小さいうちは簡単に引き抜けるが、しっかりと根を張ってしまうと、引き抜こうとすると根元で千切れてしまい、根元が残ると、そこからすぐに根を出してしまい元の木阿弥となる。円柱形の果実を上向きに立て、熟すと小さな種子を勢いよく飛ばす。草取りをしている時、この弾け飛ぶ種子が目に入って閉口することがある。どうにも好きになれない雑草だ。葉はクローバーに似た三小葉で、夜になると主脈を中心に葉をたたんで眠るという面白い習性がある。花は径一センチメートルにも満たない五弁の小さな黄色花で、憎らしい雑草だが、その花は意外に可愛い。春から秋まで次々と花を咲かせ、よく結実して多数の種子をこれまた後から後へと弾き飛ばすので、取っても取っても生えてくるわけだ。

普通のカタバミは葉は緑色だが、葉が赤茶色のアカカタバミというのがあり、カタバミの一変種とされて、カタバミと一からげにされているが、幾つか違う点がある。まず、育つ環境が異なり、カタバミはどこにでも生えるが、アカカタバミの方は日当りのよい砂利道など、夏には焼けるように熱くなるようなところに好んで生える。葉色の違いのほか、花の色も黄色単色ではなく、花底部が赤く、赤い輪が入っているように見えて、写真を撮ってみると意外にチャーミングな色合いである。

カタバミはわが国だけではなく世界中に分布している広域植物で、この仲間は非常に種類が多く、宿根性種と地下に球根を作る球根性種とに分けられる。わが国のものはほとんど宿根性種で、やはりカタバミの一変種で茎が立ち上がり、南部に多いタチカタバミ、山地の樹下で見られる白花のミヤマカタバミや、その変種でやや大型のオオヤマカタバミなどがある。球根性種には花の美しいものが多く、球根カタバミ類と称して観賞用として栽培されている種類がたくさんある。このグループは、ほとんどが南アフリカや中南米原産のもので、中にはムラサキカタバミのように帰化植物として野生化しているものもある。これなど、株を覆うようにピンクの可愛い花を咲かせて美しいため、よく植えられることもあるが、球根が猛烈に殖えるため始末に悪い雑草と化すことが多い。

沖縄では暖かいためであろう、ムラサキカタバミが畑地に入り込んで、そのピンクの花が美しい眺めとなるが、当地の農家の人達にとっては始末に悪い厄介者として嫌がられている。花が美しいので植えられてもいるが、さすがにその球根は市販されてはいない。園芸種として市販されているものには、夏に植えて秋から冬に咲く夏植え型のフヨウカタバミやハナカタバミなどと、春に植えて夏に咲くデッペイやペンタフィルラなどの春植え型のものとがあり、かなり多くの種類が売られ、中には葉の美しい赤紫色葉や緑白色葉のものなどの観葉種もある。

これらの仲間には、カタバミ類とは思えない葉をつける種類が時々ある。多くはクローバー型の葉であるが、深い切れ込みのある細い葉のバーシカラー種（*Oxalis versicolor*）は、花の色も風変りで、同じ白花でも弁裏の縁が赤く、螺旋状にねじれる蕾の色が紅白のねじりん棒のようで、咲いてしまった花より美しい。このほか、ヒルタ種（*Oxalis hirta*）のように二〇センチメートルぐらいの茎を立てる変った種類もある。

南アフリカのケープ地方は、球根カタバミ類の宝庫で、花の美しい種類が多い。中でも大群落を作るのが、ペス・カプラエ種（*Oxalis pes-caprae*）。大輪の明るいレモンイエローの花がカーペットを敷きつめたように咲く眺めは、遠目には菜の花畑のようだ。ところが、このペス・カプラエ種、生れ故郷も顔負けするほどの大群落を作ってしまっているところがある。一つは地中海地方で、特にクレタ島で見たその大群落は忘れられぬ想い出であるし、西オーストラリアの南部でも大袈裟かもしれぬが地平線の彼方までと云いたいほどの大群落を見たことがある。幸か不幸か、わが国にはまだ入ってきていないようだが、これが野生化したらセイヨウタンポポどころではないだろう。

カタバミは酢漿草と書くが、別名スイモノグサとも呼ばれ、これは茎葉に蓚酸《しゅうさん》を含み、嚙むと酸っぱいことに由来する。スイモノグサは「酸い物草」で「吸い物草」ではない。属名のオキザリス（*Oxalis*）も「酸味」という意味であるから、この仲間、まさに「酸い物草」である。

カタバミは役立たずの厄介な雑草として嫌われるが、役に立つこともあるようだ。痔や脱肛の時に、この葉を煎じて患部を洗ったり、火傷の時に塗りつけても効くと云われるし、腫物の時の貼り薬としても使われてきた。いわば外用の民間薬として利用されていたわけである。

ヨウシュヤマゴボウ

和名：ヨウシュヤマゴボウ

科名：ヤマゴボウ科

生態：多年草

学名：*Phytolacca americana*

帰化植物の中には、ヒメジョオンやセイタカアワダチソウのように北米原産のものがかなりあり、大型に茂るものが多いが、このヨウシュヤマゴボウもその一つ。赤紫がかる、太いつるつるした茎を人の丈以上に伸ばし、しかも枝分かれして横にも広がって茂るため、これが茂ると、かなりの面積を占有してしまう。葉も大きく長楕円形で、草というよりも木が茂っているという感じだ。明治時代初期に渡来したようで、その後全国に広がって野生化したものである。

夏から秋へかけて、うすいピンクのごく小さな花を、垂れ下がる花穂につけるが、花びらのない無弁花でややあらくつける。花後、多汁質の球果をならせ、熟すと紅紫色となって葡萄の房を思わせる。つぶすと赤紫色の汁が出て、これが手につくとなかなか取れない。子供の頃、この汁を搾ってインク代りにして遊んだものだが、その後が大変、手に服に、この汁がついてお目玉を頂戴すること必定。今になってみれば懐かしい想い出である。子供の遊びだけではなく、実際にインスタント・インクとして使われていたこともあるとか。そのために原産地ではインク・ベリー (Inkberry) の別名がある。

北米原産であるが、わが国にもこの仲間にヤマゴボウという種類が野生する。よく似ているが、花穂は垂れずに直立するので区別がつく。また、果実は球形ではなく、八つの子房がくっついて一つの果実となるため、八条の縦溝があり、菊座《きくざ》南瓜《かぼちゃ》のような形をしている。

この仲間は有毒植物であるが、ヤマゴボウは「商陸《しょうりく》」と称し、その根を利尿剤として薬用にされる。そのために栽培されることがあるが、素人の利用は危険であるため、やめた方がよい。

信州の名物に山牛蒡の味噌漬というのがあって、歯触りよくなかなかの珍味であるが、このヤマゴボウと称するのは、全く別種のキク科のモリアザミやゴボウアザミの根で、本当のヤマゴボウの根ではない。ヤマゴボウやヨウシュヤマゴボウの根を味噌漬にして食べて中毒を起こしたという例がしばしばあるので、注意しなければならない。

近頃はヤマゴボウはあまり見掛けなくなり、野生しているものはほとんどがヨウシュヤマゴボウのようだ。地下には、それこそ牛蒡状の太い根が深く張る多年草で、育った株を引き抜くのは至難の業というところ。小さいうちなら抜けるが、大きくなったら始末に悪い。仕方がないので、地際で切ると根株が残ってまた生えてくる。たくさんなる果実は鳥に食べられて、消化しない種子は糞という肥料付きで、あちこちに播き散らされる。これが庭や花壇に入り込むと、始末に悪い雑草と化してしまうが、大きく茂って垂れ下がる、うすいピンクの花穂はなかなか風情があるし、秋になると葉が紫がかり、その紅葉した姿も捨てたものではない。そのためか、庭に一株ぐらい残して観賞用とする人もいるようだ。

雑草と云われるものは、はびこるとまさに雑草として厄介者になるが、いずれもよく見ると、どこかに美しい姿を潜めているものだ。ヨウシュヤマゴボウも、その一つだろう。

第3章

秋

ヨモギ

和名：ヨモギ
科名：キク科
生態：多年草
別名：モチグサ
学名：*Artemisia princeps*

別名をモチグサという。早春、萌え出るヨモギの新芽を摘んで餅につき込んで草餅を作る。その特有な香りが春の訪れを告げるし、中にくるまれた餡の甘さがヨモギの香りに溶け込んで、早春の味わいを醸し出す。

このように、ヨモギというと「春の草」というイメージが強いが、その花は初秋に咲く。といっても、派手とも美しいとも云えない地味な花のため、目に留める人は少ないだろう。七〇～八〇センチメートルに伸びる茎の先に、うすい褐色の小さな頭状花を円錐状の花穂に細かくつける。葉は切れ込みのあるキクの葉に似ており、葉裏に白い微毛が密生してソフトな感じがするが、生長した茎につく葉は姿を変え、何となく強張《こわば》った感じとなって、いかにも雑草の葉という趣きだ。

草餅のほか天ぷらや佃煮、あるいは新葉を炊き込んだよもぎ飯など、食用として昔から利用されてきたが、薬草として広く利用されてきた植物でもある。お灸のもぐさの原料がヨモギであることはよく知られているし、血液を浄化したり、止血、痛み止め、高血圧など多様な薬効があって、こうなると、とても雑草とは云えないありがたい植物と云わざるを得ない。

子供の頃、悪さをすると「お灸を据えますヨ！」とよく云われたが、これも薬効？の一つだろうか。もっとも、近頃は、こんなことを云って子供をしつける親はいなくなってしまったようだ。これも時代の変化というものだろう。

ヨモギは全国至る所に野生するが、この仲間ヨモギ属（アルテミシア属 *Artemisia*）に大変多くの種類がある。山地に多く、大型でヨモギの一変種とされるヤマヨモギは、も、ぐさの原料として利用されることが多い。

近頃、山野草が静かなブームで愛好家も多く、いろいろなものが栽培されているが、この中にアサギリソウというのがある。密に茂る深く細かく切れ込む葉は、銀白色で大変美しく、観葉山野草として昔から人気が高い。北海道の高山や海岸地帯の岩場に野生し、特に最北の礼文島に多いようだ。黒々とした岩場に、白いかたまりのように生えている草があれば、このアサギリソウと思ってよい。岩場の黒に白いアサギリソウのコントラストが、よく目立つと共に意外に美しい眺めとなる。

アサギリソウのほか、この仲間に北海道でよく見られるシロヨモギというのがある。これは海岸の砂地に野生し、海浜性植物らしく、アサギリソウより切れ込みのあらい厚手の葉をつける。繊細さはないが、アサギリソウと同じように銀白色の葉でけっこう美しく、夏から秋へかけて茎を伸ばして、その先に、この仲間では大きめの頭状花を垂れ下げるようにして穂状に咲かせる。

日本人がよく訪れるハワイ諸島は、島々によってムードが異なって面白いが、その中で関取であった高見山（現東関親方）の故郷マウイ島は、私が「麗しの島」と呼ぶほどに、美しくも風光明媚な島だ。この島にはハレアカラ山という三〇〇〇メートルにも及ぶ火山があり、この山頂部には独特の高山植物があって、植物探訪をするには面白い山だ。中でも、世界の珍草と云われる銀剣草（シルバー・ソード Silver Sword）の野生地として有名だが、ここにはアルテミシア・マウイエンシス（*Artemisia mauiensis*）という固有種があり、ガラガラとした火山礫の中に銀白色の姿を見せる。アサギリソウによく似ているが、風情という点ではアサギリソウの方に軍配を挙げたい。

最近はハーブばやりで、いろいろなハーブの苗が市販されているが、この中にウォームウッド（Wormwood）というのがある。これもヨモギの仲間で、ヨーロッパ原産のニガヨモギのことで、わが国のヨモギとよく似ている。ハーブというと、何でも料理に使えると思われやすいが、これは大変な間違いで、ハーブとは元来薬草のことだから、有毒植物がかなりある。トリカブト、スズラン、クリスマス・ローズなどの猛毒植物もハーブの一種で、用い方によっては、この毒成分が薬用になる。ただし、用い方を間違ったら命取りだ。このニガヨモギも、猛毒ではないが弱毒性があるようで、わが国のヨモギのように食用にはしない方がよい。駆虫剤や健胃剤として使われるが、素人は安易に使わないことだ。

ヨモギの仲間は、わが国に野生するものだけでも、オトコヨモギ、イヌヨモギ、カワラヨモギ、ヒメヨモギなどのほか、一年生のクソニンジン、カワラニンジンというのもあり、この二種は葉がニンジンの葉に似るところから付けられた名であるが、もちろんニンジンの仲間ではない。

古来、春の訪れを告げる草餅などの食用として、また薬草として広く用いられてきたヨモギは、私達の生活に大いに役立ってきたが、半面、これがはびこり出すと、退治するのに骨が折れる雑草と化す。「過ぎたるは猶及ばざるが如し」というところか……。

アワコガネギク

和名：アワコガネギク

科名：キク科

生態：多年草

学名：*Chrysanthemum boreale*

秋が深まると、野に咲く花もぐっと少なくなるが、キク科の植物にはキクはもちろん(ただしキクは中国産)、この季節に花を咲かせる短日花が多い。

咲く花の少なくなる秋日に山野を歩くと、黄色く小さいキクに似た房状の花を、すっと伸びる茎上に咲かせているのをよく見掛ける。これがアワコガネギクだ。時には、大きな花房の重みのためか、茎がしなだれるようになって咲いているのを見掛けるが、その姿に、いかにも秋らしい風情を感じる。

秋咲きのキク状花を咲かせる山野草には、「キク」という名を冠したものが多く、これらをひっくるめてノギクと呼ばれる。時には、これらを栽培菊の原種と思う人がいるが、これは誤りで、栽培菊は前記のように中国原産の園芸種であって、わが国の野生菊ではない。また、キクと名付けられていても、キク属(クリサンテムム属 *Chrysanthemum*)ではなく、別属のシオン属(アステル属 *Aster*)のものも多い。アワコガネギク同様に秋咲きのものでは、白色花を咲かせるものでヤマシロギクや、これに似て四国や九州に多いイナカギク、ヤマシロギクと名前が混同されやすいシラヤマギクなどがある。また、観賞用としても植えられる紫色のノコンギク、白色でわずかに紫がかるユウガギクなど、これらはいずれもキクの仲間と思わせる花を咲かせるが、実はキクの仲間ではないわけだ。もっとも、素人目にはキクの仲間と思っても無理からぬところであろうし、ひっくるめて「ノギク」と云ってしまうのも文学的表現として許されてよいとも思う。

キク属の植物は葉に深い切れ込みのあるもの(いわゆる普通のキクの葉の形)が多いが、

シオン属は深い切れ込みのものはほとんどなく、浅い欠刻《けっこく》のものがほとんどだ。花色は、シオン属のものは白か紫で黄色花のものはないが、キク属のものは黄色か白色で、紫系の花色のものはない。以上が、シオン属とキク属の違いである。

キク属の黄色花種の代表的なものが、このアワコガネギクで、これこそ正真正銘のノギクである。わが国に野生するキク属にも多種あって、アワコガネギク同様の黄色花を咲かせるものに、花を油に漬けて薬用とするためにアブラギクと呼ばれる種類がある。これは九州など、わが国南部に分布し、栽培される小菊類には、この血を受け継いだものがあるという。このほか、白花を咲かせるものに、園芸種として栽培されるもので、東北地方の太平洋岸に野生する白花大輪のハマギク、これによく似て東北から北海道にかけての太平洋岸に野生するコハマギクというのもあり、時に山野草として栽培され楽しまれる。このコハマギクは、アメリカの有名な育種家ルーサー・バーバンクの手によって、ヨーロッパ産のフランスギクと交配され、白色大輪で、茎が強く切り花にもよいシャスタ・デージー(Shasta Daisy)の誕生となる。シャスタとは、北アメリカ西部の雪をいただく名山シャスタ山のことで、その白さからこの山に因んで付けられた名だ。ヨーロッパのキクの仲間と、わが国の野生菊の一種とが、アメリカ人の手によって結ばれたというのも興味深いことだ。

わが国のキク属のものには、ハマギクやコハマギクのように海岸地帯に野生するものが多い。ハマギクと共に鉢植などでよく売られているイソギクもその一つ。楔《くさび》状の葉の上半分に浅い欠刻のある葉は、細く白い覆輪に縁取られ、その葉が観葉的にけっこう楽しめる。

どんな素晴らしい花が咲くかと期待していると、やがて茎頂に花びらのない小さな黄色の頭状花を密集して咲かせる。期待はずれというところだが、満開になると、その葉色によくマッチして意外に美しい。このイソギクに近い別種にシオギクというのがあり、これは高知県の海岸地帯にのみ野生するいわば地方限定種で、こちらの方は短い白色の花びら（舌状花）がある。さらにイソギク同様、花びらのない管状花だけのマメシオギクと呼ばれるものや、花びらがよく発達するミソノシオギクと呼ばれる変種もあり、かなり変異が多い。

また、山口県などの瀬戸内海の海岸に野生するニジガハマギクは、前述のアブラギクとノジギクとの自然雑種であろうと云われ、アブラギクに似た黄色花を咲かせる。このニジガハマギクの片親とされるノジギクは、関西地方の海岸丘陵山足《さんそく》に生息する野生菊の一種で、白い花を咲かせるが、これも本当のノギクの一つと云えよう。これ以外にも、葉に独特の香りを持つところから名付けられたリュウノウギクという野生菊もあり、やはり白い花を咲かせる。

栽培菊を始め秋咲きのキク属の植物は、秋へかけて日が短くなる、いわゆる短日状態で花芽を作り、中秋から晩秋へかけて咲く。栽培菊などは、この性質を利用して、ある程度育ったところで、人為的に日の長さを短くする短日処理をして早く咲かせているが、近頃は年中いつでも咲かせる技術が発達したため、キクの花は周年を通して切り花が売られている。

アワコガネギクなども、技術的な操作をすれば早く咲かせることもできようが、やはり秋深くなって、自然の季節に咲いてこそアワコガネギクであると思う。

セイタカアワダチソウ

和名：セイタカアワダチソウ
科名：キク科
生態：多年草
学名：*Solidago altissima*

よく見れば、花は美しく観賞価値があるが、あまりはびこられると始末に悪い雑草として悪玉扱いにされてしまう植物が時にある。その代表的なのがセイタカアワダチソウだろう。生れは北アメリカで、明治時代にすでに入って来ていたらしいが、爆発的に殖えたのは太平洋戦争後のようだ。空地はもちろん、原野や湿原の葦原にまで侵入し、在来の植物を駆逐してあっという間に各地に広がってしまった。人の丈以上に伸びて、秋深まると、黄金色のごく小さな花を大きな円錐状の花穂にぎっしりと咲かせ、群生して咲くと、咲く花の少なくなる秋に素晴らしい景観となる。かなり以前、この花の花粉が花粉喘息《ぜんそく》を起こすと云われたために、よけいに悪玉扱いされたが、この花粉は喘息を起こす同じキク科のブタクサのように舞い上がって飛散することはなく、その後、花粉喘息に関しては無害説が有力となった。最近は杉による被害がひどくなったこともあって、セイタカアワダチソウによる花粉喘息の話はほとんど聞かなくなってしまった。濡れ衣が晴れたというところだが、何せ、そのはびこり方が尋常ではなく、いまだに悪玉扱いはまぬがれていない。

空地などで、この草が名前のように背高く生い茂って防犯上よくないと、生育中に刈り取りが行われることがあったが、この草、地下茎をはびこらせて茂り、刈れば刈るほど地下茎が広がるという始末に負えない性質があるため、うっかり刈り取ることもできない。といって、地下茎を掘り除くにも、大変な労力を要するので除き切れるものではない。結局はお手上げ、ということになってしまう。まさに「憎まれっ子世にはばかる」というわけだ。

ある年の十月末、ニュージーランドを初めて訪れた時、飛行機の中から、山の頂上まで真っ黄色に咲く花を見て驚いたことがある。始めは菜の花畑かと思ったが、山の上まで菜の花を作っているとは思えない。はて、何だろうと思っていたが、着いてみて解ったのは、野生化したエニシダの大群落であった。ヨーロッパ原産のこの花木、英国人が移住してきた折り、牧場の境界木として持ち込んで植えたのが始まりだという。それが気候風土に適したためか、種子が飛び散って野生化し、ニュージーランド全土に広がってしまったらしい。この国はどこへ行っても牧場だらけで、羊や牛はエニシダを食べないため、境界木どころか、うっかりすると牧草地一帯に野生化してしまう。除草剤を撒いたり、あの手この手で退治しようとしているようだが、はびこる方が速く、手に負えない害木として閉口しているようだ。旅行者の私達には、黄金の絨緞を敷きつめたようで、その光景はまことに美しく楽しめるが、向うの人たちにとっては憎《に》っくき花であるようだ。何となく、わが国のセイタカアワダチソウに似ていて、これが咲く頃に訪れた外国人は、けっこう楽しんでいるかもしれない。

　セイタカアワダチソウによく似て、この仲間にオオアワダチソウという同じく北アメリカからの帰化植物がある。こちらの方は、それほどはびこってはいないようで、よく似ているが、咲く時期が七〜八月だから区別がつく。十〜十一月に咲いていれば、すべてセイタカアワダチソウと見てよい。

　セイタカは「背高」の意で丈が高く伸びるためだが、アワダチソウとはわが国各地の山野に多く野生するアキノキリンソウの別名で、同属の植物である。アキノキリンソウは、名のように秋の訪れと共に五〇センチメートル以上の茎を立て、黄色の小花を円柱状の花穂に咲かせて、山野草の中ではけっこう美しく、草物盆栽の植材としてもしばしば用いられる。このアキノキリンソウ、わが国だけでなく北半球の温帯域に広く分布し、ウィルガ・アウレア（*virga-aurea*）＝「黄金色の乙女」という素晴らしい種名を与えられている。

このアキノキリンソウの一変種にコガネギクというのがあり、これはアキノキリンソウより草丈低く小型であるが、花はやや大きい。因みにこのグループの属名ソリダゴ（*Solidago*）には「強くする」、「治す」という意味があり、実際にハーブの一つとして利尿剤や洗浄剤に用いられていたようだ。

セイタカアワダチソウは、わが国の秋をうめつくすようにはびこっていたが、東京周辺では以前に較べると、かなり減ってきているようだ。帰化植物は、入ってくると病虫害がないために爆発的に殖えることがよくあるが、何年か経つと病虫害が発生して衰退することもある。セイタカアワダチソウが以前より減っているのも、あるいはこのことと関係があるかもしれない。しかし、ほかの地域では一向に減ることなく、はびこり続けている。

セイタカアワダチソウは、花は美しくとも、観賞用として庭植えにするには少々憚《はばか》られるかもしれぬが、夏咲きのオオアワダチソウの方は、それほどはびこらぬので、昔から宿根草花として植えられることがあるし、両種共、切り花としても用いられる。切り花であれば、はびこることもないから安心である。

また、セイタカアワダチソウは、かなり蜜を出すらしく、蜜源植物としても利用されているようだから、悪者も使いようかもしれない。

オミナエシ

和名：オミナエシ
科名：オミナエシ科
生態：多年草
学名：*Patrinia scabiosaefolia*

昔に較べると、秋の野辺に咲く花が少なくなったようだが、それでも秋になれば、いかにも秋らしい静けさを漂わせた風情ある花が咲く。その中の七種を選んで詠まれたのが万葉の歌人、山上憶良の秋の七草の歌である。

萩《はぎ》の花　尾花《をばな》葛花《くずばな》　瞿麦《なでしこ》の花　女郎花《をみなへし》　また藤袴《ふぢばかま》　朝貌《あさがほ》の花（万葉集　巻八）

全句これ、植物の名だけで作られているのは、世界的に見ても、ちょっと類がないものと思う。日本人が、いかに古くから植物を愛で、親しんだかがうかがえる。

この秋の七草の一つにオミナエシが登場している。山野の日当りのよい草地に、初秋の頃、千々の草々に抜きん出て直立する茎を伸ばし、黄色い米粒のような花を傘形に、密に咲かせる。

以前、奥多摩の山へ出掛けた時のことだ。日当りのよい山の斜面にオミナエシが何本も茎を立てて咲いていた。急斜面を息切れる思いで登りつめ、やれやれと立ち止って下を見下ろして、ハッと思ったことがある。斜面に咲いていたオミナエシを真上から見て、面白いことに気がついた。この花は中心の茎の節々から左右対称に小枝を出して、その先に花房をつける。この小枝のつき方が、節ごとに左右一直線となるが、上の節ごとにその方向が直角、直角と交互になって重なり、上から見ると正確に十文字を描いているではないか。丈高くのびる草ゆえ、いつもその横姿しか見ておらず、このように小枝が規則正しく出ているとは全く知らなかった。どうしてこのようなつき方をするのか、自然の妙とは不思議なものである。

オミナエシを漢字で書くと「女郎花」である。この清楚で愛らしき花に女郎花とは。その謂れはよく知らないが、オミナエシにとっては、差別待遇をされたと怒っているに違いない。もちろん、これは漢名ではなく、漢名は「黄花竜芽」と云う。よく敗醬《はいしょう》と書くが、これは誤用で、この仲間のオトコエシのことだそうだ。オミナエシの語源は「女飯《おみなめし》」と云われ、その米粒のような小さな花を飯粒に喩《なぞら》え、美しい黄花を女子に見立てて付けられた名らしい。

女がいれば男がいる。オミナエシにも彼氏がいてオトコエシと云い、白い花を咲かせ、各地の山野に野生する。オミナエシはよく知られていて、園芸化され、観賞用草花としても扱われているが、オトコエシの方は少々忘れられた存在になっている。やはり、これも女性優位というところか。

漢方で「敗醬根」というのがあり、利尿、解毒剤として用いられている。敗醬とはオトコエシの漢名だが、漢方で用いる敗醬根は、オミナエシ、オトコエシ両種の根が共に扱われている。

オトコエシはほとんど園芸的に扱われていなかったが、近年、これの鉢作りに仕立てたものが時々売られるようになった。オミナエシには玉川オミナエシという早咲きの園芸品種があって、切り花用に栽培され、初夏から夏へかけて咲く。玉川と名付けられているのは、これを改良された、わが国園芸界の先達者である桜井元氏が、東京の多摩川辺りの上野毛に住んでおられたために付けられた品種名であると思うが、これは定かではない。近頃売られているオミナエシ、オトコエシの苗や鉢植は、いずれもこの玉川オミナエシである。オミナエシ、オトコエシ共に丈夫な宿根草で、庭植えにすると毎年よく咲いてくれる。両種共々植えておけば、金銀そろって咲いてくれ、より楽しめる。

オミナエシの仲間は、オトコエシのほか、わが国には幾つかの種類がある。一名ハクサンオミナエシと呼ばれるキンレイカは高山性オミナエシの一種で、草丈は二〇～三〇センチメートルと小型で、黄色の花を可憐に咲かせる。北海道にはこれよりさらに小型で、やはり黄色花を咲かせるタカネオミナエシという種類があって、礼文島の向陽草地に多く見られ、一名チシマキンレイカとも云う。このほか、北国山地の湿っぽいところに生えるマルバキンレイカというのもある。前述のキンレイカ（ハクサンオミナエシ）が深い切れ込みのあるモミジに似た葉をつけるのに対し、こちらは深裂しないので「マルバ」の名が付けられたらしいが、この葉は欠刻《けっこく》があって、どう見ても丸葉とは云いがたい。

オミナエシは、以前は方々でその野生を見掛けたものだが、最近はめっきり野生を見ることが少なくなったようだ。市販されているものは、ほとんど前述の玉川オミナエシという園芸種であるし、といって乱獲されて減ったとも思えない。野生植物には時々、原因がよく解らずに減少するものがある。オミナエシもその一つだろうか。

中学生の時に、夏休みに八ヶ岳山麓の高原を走る小海線に乗ったことがあった。今では、戦後すっかり開拓されて畑になってしまったが、その頃は野の花々が咲き乱れる中をゆっくりと汽車が走り、その美しさは今でも忘れがたい想い出で、中でも目立って印象に残ったのがオミナエシの花である。

カワラナデシコ

和名：カワラナデシコ
科名：ナデシコ科
生態：多年草
別名：ナデシコ、ヤマトナデシコ
学名：*Dianthus superbus*

秋の七草の一つとして詠まれた瞿麦《なでしこ》の花は、このカワラナデシコのことである。わが国のナデシコ類の代表種で、単にナデシコとも呼ばれる。晩夏から初秋へかけて、嫋《たお》やかなピンク色の花を咲かせ、野の花の中でも最も心惹かれる花の一つだ。

茎は長く伸び、時に一メートルを超すこともあるが、多くは直立せずに地を這うように斜めに伸び、半ば上部を直立させて花をつける。何となく弱々しい感じもするが、性質は強く、しかも優美な花を咲かせる。別にヤマトナデシコの名があり、一見、弱々しくて優雅だが、芯は強いということで、昔、日本女性のことを大和撫子《やまとなでしこ》と呼んだが、さもありなんと思う。もっとも、近ごろの大和撫子は少々強くなり過ぎて、往時の大和撫子とはかなり趣きが変り、もはや死語になってしまったようだが……。

ただし、この花の別名のヤマトナデシコは、後述する中国産のカラナデシコ（唐撫子）に対して付けられたのが正しいようで、日本女性の特長を模して付けられたのではないらしい。

カワラナデシコの名のように、河原に多く野生するかというとそうでもなく、山足《さんそく》の道際などでよく見掛ける。しかし最近は、これまた昔に較べると、野生を見ることがかなり少なくなってきた。

昔から、その花の美しさのために、庭などに植えられたり、茶花として生けられたりしたが、園芸的に改良された赤花種もあり、紅花カワラナデシコと称して種子が市販されているし、切り花としてもよく用いられる。切り花用として改良されたために、茎は野生種より剛直で直立し、あまり風情はない。時に白花種もあって、これをシラサギナデシコと付けたものだ。

云う。弁周が細かく切れ込む純白の花は、まさに白鷺の飛ぶ姿に似ていて、うまい名前を付けたものだ。

このカワラナデシコが高山に登りついて？　住み着いたものに、タカネナデシコと呼ばれる変種がある。草丈は低いが、紅色に近い大きな花を咲かせる。弁周の切れ込みが深く細かく、その先端が垂れ気味に咲き、なかなか美しい花だ。これによく似た近縁種に、茎葉が白味を帯びるクモイナデシコまたはシモフリナデシコと呼ばれる種類があり、信州の白馬岳一帯に野生し、タカネナデシコと共に山野草愛好家の間で珍重される。

北海道の夏、七月の頃に原生花園などを訪れると、あちこちに赤桃色の花が群れ咲くのが見られるが、これはエゾカワラナデシコの花だ。普通のカワラナデシコより色が濃く、まとまって花が咲くのでよく目立つ。分類学的にはカワラナデシコと同種と見なされ、こちらの方が基本種とされている。

カワラナデシコはわが国各地に分布するが、わが国だけでなく、遠くヨーロッパにまで分布していて、他種との交配による園芸品種まである。

ナデシコの仲間はディアントゥス属（*Dianthus*）と云い、世界各地に多くの種類があり、特にヨーロッパには園芸化された品種が多く、タツタナデシコやカーネーションのほか、ヨーロッパ産にもかかわらず、なぜかアメリカナデシコの別名があるヒゲナデシコなどがある。属名のディアントゥスには「二つの花」または「神の花」という意味がある。前者の方は一カ所に二つの蕾をつけるものが多いことによるようだが、後者は古くヨーロッパでは神に捧げる花として用いられてきたためらしい。神聖な花として扱われていたことになる。

わが国にも、カワラナデシコ類のほか、幾つかの種類が野生する。中部以北の高原、特に信州に多く野生するシナノナデシコは、アメリカナデシコによく似た花を咲かせる。各地の海岸地帯に野生するハマナデシコとも呼ばれるフジナデシコは、海浜性植物らしく光沢のある濃緑色の葉を茂らせ、茎頂に藤色の小花を密集して咲かせる。これには紅撫子と称して切り花にされる園芸品種があり、名のように赤い花を咲かせるが、白花種もあり、七〜八月の真夏に咲く。変ったものでは、わが国南部の海岸地帯に分布し、特に愛媛県の海辺に多いヒメハマナデシコというのがあって、茎は横張りに茂り、晩夏から秋へかけて紫紅色の可愛い花を咲かせる。一昔前、種苗商のカタログに登場し、その種子が売られていたことがあったが、数年ならずしてカタログから消えてしまった。どうやら発売はしたものの、人気が出ずに終ってしまったらしい。

わが国には、古く中国から渡来し、江戸時代に独特の改良が行われたセキチク、別名をカラナデシコという園芸品種がある。ナデシコ類はほとんどが年一回しか咲かぬ一季咲きで、本来のセキチクも五月に咲く一季咲きだが、周年咲き続ける四季咲き性のものが見いだされ、「常夏《とこなつ》」と称して江戸時代に流行し、多くの品種が作られた。一方、弁周の切れ込みの一片一片が長く垂れ下がって咲く特異な花容のイセナデシコというのも江戸時代の産物で、これほど多様に改良されたナデシコも珍しい。

ヒガンバナ

和名：ヒガンバナ
科名：ヒガンバナ科
生態：多年草
別名：マンジュシャゲ、ハミズハナミズ、シビトバナ、ソウシキバナ
学名：*Lycoris radiata*

暑さ寒さも彼岸まで、とよく云われるが、涼風が立ち始める秋の彼岸頃になると間違いなく咲き出すのが、このヒガンバナだ。土手や田圃の畦などに群生して、真っ赤な花を群れ咲かせる様子は見事の一言に尽きる。花時が訪れると、葉が出る前に花茎を伸ばし、その頂きに、真っ赤な六弁の花びらを放射状にくるっと反転させて咲かせ、長く曲線を描くように赤い蕊《しべ》を伸ばす。その複雑な花容は、まさに自然が創り出した造形の妙とも云える美しさである。

このヒガンバナ、東北南部から西の方へかけて広く分布していて、すっかりわが国の植物然とした顔をしているが、元々は中国原産の球根草花で、非常に古く、わが国へ入ってきたものである。どのようにして入ってきたかには二説ある。一つは人手によって持って来られたという説。もう一つは、球根が大陸より海を渡って流れ着いたという説。どちらが本当かは定かではないが、私は後者の流れ着いた説をとりたい。中国で、このヒガンバナが最も多く野生しているのは、揚子江の中流域だそうだ。洪水で、揚子江の土手に群生していた球根が土手崩れと共に流され、やがて海に出ると対岸はわが国の九州である。ここへ流れ着き、居着いて野生化したものが、東へ東へと分布を広めたというわけである。人手による渡来説でも、まず九州へ渡来したと云われるから、いずれにしても、わが国でのスタート地点は九州であることは、ほぼ間違いない。

野生植物が分布を広めるのは、原則として種子を飛び散らせることによるが、不思議なことにヒガンバナは不生女《うまずめ》植物で種子がならない不稔性植物。球根ではよく殖えるが、自然状態では、いくら殖えたとしてもいつも同じ場所の土の中で、移動はできない。ところが、実際には東北南部まで広がっている。昔は、このことが一つの謎とされていたが、その後、何と人手によって分布が広がったということが解った。人々が引っ越しをするたびに、この球根を持って行き、新居近くの田圃の畦や土手に植えたのである。野生地を見ると、人里近くに多いのはそのためだ。ということは、人々の生活に何か役立つことがあるに違いない。この球根は浮腫《むく》み取りなど、薬用として用いることもあるが、良質の澱粉を多量に含んでいて、飢饉の多かった昔、いざという時の救荒食糧としてこの澱粉を利用したという。ところが、この球根にはリコリンというアルカロイドが含まれるため、かなり毒性の強い有毒植物である。が、澱粉には毒性がない。昔の人は、この有毒な球根から、無毒の澱粉だけを取り出す工夫をしたようだ。これには中毒を起こした人もかなりあったであろう。そこまでする必要があるほど、昔の人たちの生活は厳しかったわけである。

国内に分布を広めた理由は、これによって解決したわけだが、私が流れ着いた説をとりたいのには、ほかにも理由がある。ヒガンバナ科の植物には海流によって、その種子や球根が流されて分布を広める種類がよくあるからだ。わが国の暖地海岸に野生するハマユウの起源はアフリカにあり、この果実がインド洋を経てオーストラリア、南太平洋諸島、さらに北上して小笠原諸島、そしてわが国本土の太平洋岸にたどり着いて、それぞれの種類が分化したようだし、太平洋側暖地海岸や一部日本海側の越前海岸、隠岐島海岸に野生するニホンズイセンは、中国福建省の海岸に野生するシナズイセンの球根が海に流され、黒潮に乗ってたどり着いたのが起源とされる。これら二種類は共にヒガンバナ科の植物である。どうやらヒガンバナ科植物は、航海をするのがお好きらしい。以上が、ヒガンバナ流れ着いた説をとりたい理由であるが、どうだろうか。

ヒガンバナは地域によって、いろいろな名前が付けられていて、その数五十以上にも及ぶという。マンジュシャゲ（曼珠沙華）は梵語で「赤い」という意味で、これはその赤い花に由来する。ハミズハナミズ（葉見ず花見ず）という名は、花時に葉が出ておらず、花後の葉時には花がないという、その性質を端的に表現した名だ。このほかシビトバナ（死人花）とか、ソウシキバナ（葬式花）とか、縁起の悪い名が多いのは、この花が墓地に咲いていることが多いからだろう。そのために、この花、めでたい色の赤い花であるにもかかわらず、縁起の悪い花として嫌がる人が多い。これはヒガンバナには気の毒なことで、何も好んで墓地に生えているのではない。人によって植えられたもので、これがなぜ墓地に植えられるようになったかは諸説がある。ちょうど彼岸頃に咲くので、供え花として植えたという説と、有毒植物なるがゆえに、土葬の多かった昔、狼や野犬などによる墓荒らしを防ぐためとも云われるが、どうも供え花として植えたのが正しいように思う。この仲間で、やはり中国原産でわが国に帰化したナツズイセンというのがある。信州に野生が多く、ピンク色の花を夏に咲かせるこの花は、同地方では「盆花」とも云われ、花時はちょうど盆の頃でヒガンバナ同様、墓地に咲いていることが多い。

ヒガンバナをめでたく楽しむ方法がある。この仲間のシロバナヒガンバナを一緒に植えることだ。そうすると紅白で咲いてくれ、めでたくなるだけでなく、見た目にも美しい。

リンドウ

和名：リンドウ
科名：リンドウ科
生態：多年草
学名：*Gentiana scabra*

私が小平の地に移り住んだ四十年前の頃は、赤松林があり、雑木林があり、往時の武蔵野の面影を濃く残していた。林下をそぞろ歩けば、春にはスミレが微笑み、キンラン、ギンランが秘めやかに咲き、夏にはヤマユリの白い花が風に揺らめき、野鳥の囀《さえず》りに耳を傾けたものだ。秋が深まり、木々の葉が色づき、やがて木枯らしと共に葉を落とす頃、林の下草の中から細い茎を伸ばして、その頂きに紫紺の花を、一年の最後を締めくくるように、静かに咲かせるリンドウの花があった。それは侘びしさと共に、心に残る晩秋の粧《よそお》いであった。

リンドウはわが国各地の山野に野生する秋を代表する花だが、なぜか秋の七草の選からは漏れてしまった。秋の七草の多くが初秋の花であることからか、あるいは山上憶良の好みではなかったためか。私ならば、まず、このリンドウを秋の七草の一つに挙げたであろう。

リンドウの仲間は、北半球はもちろん南半球に至るまで多くの種類があるが、花時によって春咲き種、夏咲き種、秋咲き種とに大別される。春の項で触れたフデリンドウなどは、代表的な春咲き種だが、このリンドウは秋咲き種の代表と云える。

紫紺の花が美しく、花の少なくなる秋深まって咲くために、古くから庭植えにされたり、茶花などにも用いられてきて、少し前までは山野草として扱われてきたが、地域的な変異が多く、九州辺りの丈の低い矮性種が改良され、鉢花用として大量栽培されて多く出回るようになってからは、すっかり園芸用宿根草に変身してしまった。最近では、毎年のように改良品種が登場し、花色も紫紺のほか、白花や桃色花のものもあるし、大輪咲き品種も登場している。

一方、切り花として大量栽培され、早い時期から売られているものもあるが、これは亜高山性種のオヤマリンドウや、近頃では北海道に多く野生するエゾリンドウとその改良種である。切り花栽培の最も盛んなのは岩手県のようで、リンドウ専門の試験場まであり、品種改良、栽培、繁殖の研究が行われていて、もはや山野草と云うよりも、完全に園芸植物化されてしまった感がある。これら切り花用種は、丈高く、茎は剛直で、花づきよく、花色も冴えた青色で美しいが、リンドウらしい風情は野生のものには及ばない。

リンドウは漢名で「竜胆」と云い、リンドウの名も竜胆の唐音から転化したものだそうだ。この根は漢方で竜胆根と称し、古来、健胃剤として用いられているが、西洋でも古くから同様にして使われていてゲンチアナ根と云う。ゲンチアナ（*Gentiana*）とはリンドウ属の属名で、西洋ではどの種類が薬用として使われていたのかは寡聞にして知らないが、同じリンドウ科のセンブリが昔から民間薬として健胃剤に用いられているところから察すると、この種類には健胃効果のあるものが多いのではないだろうか。

わが国にはリンドウのほか、秋遅く咲く種類で、中部以南に野生するものにアサマリンドウというのがある。リンドウより丈低く、同じく紫紺の美しい花を咲かせる。アサマリンドウというと、信州の浅間山産かと思いがちだが、この「アサマ」とは伊勢の朝熊《あさま》山に由来する。学問的には植物名は片仮名で記載することになっているが、地名を植物名に付けられた場合には、片仮名ではなく漢字で書いてもらわぬと誤解してしまいやすい。これと全く同じように、ツゲの別名にアサマツゲというのがあり、これも浅間山ではなく朝熊山に多いために付けられた名前である。

リンドウ属は、アフリカ大陸を除く各地に五百に及ぶ多くの種類があると云われるが、ヨーロッパ・アルプスを夏に訪れると、花の美しい種類が多々ある。これらは夏咲きに入るグループで、同地ではエンチアンと称し、エーデルワイス、アルペンローズと共に三大名花の一つとされている。代表的なのが、草丈一〇センチメートル足らずで、藍青色の大輪花を咲かせるクルーシー種（*clusii*）、それによく似たアコーリス種（*acaulis*）、それに目も覚めるような青色の美しい花を咲かせるウェルナ種（*verna*）がある。これらは小型種であるが、草丈が高く伸びて赤紫色の花を咲かせるプルプレア種（*purpurea*）やパンノニカ種（*pannonica*）などがあり、この仲間では珍しい黄色花のプンクタータ（*punctata*）、リンドウの花とは思えぬ細弁で星形の黄色花を咲かせるルテア種（*lutea*）などもある。変った花色のものでは、カナダからアラスカへかけて分布するグラウカ種（*glauca*）というのがあり、草丈は一五センチメートルぐらいの小型で、くすんだ青インクのような色の花を咲かせる。初めてこの花を見た時、何とも不思議なリンドウだと思ったものだ。

わが国ではリンドウの改良が盛んで、すっかり園芸植物になってしまったが、晩秋の林下に咲くリンドウにこそ、本来の美しさがあるように思う。リンドウが咲き終ると秋も終り、冬の訪れとなる。

クズ

和名：クズ
科名：マメ科
生態：多年草
学名：*Pueraria lobata*

旧盆も終り、八月も下旬になると、信州の地には、はや秋を告げるようにススキが穂を出し始める。そんな頃、北信の山奥の村へ出掛けた時のことだ。急な登り道をうつむきながら歩いていると、前方の細い山道がピンク色に染められているではないか。何だろうと近寄ってみると、一面、クズの花が敷きつめられている。立ち止まってふと見上げると、立木にクズがからみついて、今を盛りと花を咲かせていた。その花が舞い落ちて、小路をピンクの絨緞に染め上げていたというわけだ。甘い香りが漂い、何とも云えぬその眺めは、今もって忘れ得ぬ想い出である。

クズは、わが国至る所の山野はもちろん、都会地の空地にまで野生するマメ科の蔓草《つるくさ》で、太い蔓を縦横にはびこらせ、三枚の小葉からなる大きな葉を茂らせるため、他の植物を圧倒してしまい、これがはびこりだすと始末に負えなくなることもある。雑草と云えば雑草だが、名前はクズでも屑にならないほど有用な植物でもある。まず、その太く長く伸びる蔓は強靭な繊維を持ち、昔は縄代りに用いられていたし、その繊維を利用して葛布が作られていた。地下には太い根があり、良質の澱粉を含むため、葛粉として食用にもされる。葛餅は、この澱粉を加工したもので、黄粉と糖蜜をかけて食べるその味わいは、独特の舌触りと風味があって喜ばれる。この根を刻んで乾かしたものは「葛根」と称し、薬用として用いられる。風邪薬として有名な葛根湯《かっこんとう》の原料である。子供の頃、風邪をひくと、祖母が砂糖を入れた葛湯を作ってくれた。子供心に、そのとろみのある甘い味が忘れられず、ひいてもいないのに、風邪をひいたと云っては祖母に葛湯をせびったのも、懐かしい想い出である。

過日、韓国を訪れた時、大通りで葛の根を搾って、その汁を飲ませる屋台があった。何でも強壮の効果があるということで、サラリーマンなどが行きがけに飲んでいくそうで、飲んでみないかと云われたので、早速試してみた。どす黒いようなその汁は見るからに不味そうで、ちょっと躊躇《ためら》いはあったが、「えい、ままよ」と一気に飲み干してしまった。が、何ともその不味いこと、渋くて灰汁《あく》っぽく、よくこんなもの飲めるなア、と妙に感心してしまった。しかし、向うの人達にとっては、まさに健康飲料なのだろう。

蔓、根共に、このようにして利用されてきたが、その葉は栄養価が高く、牛馬の飼料に最適とも云われる。ただし、わが国では牧草としてはあまり重視されていなかったようだ。ところが、以前、アメリカでこれに目をつけ、わが国から大量にクズの種子を輸入し、牧草として栽培されたことがある。何年か牧草として栽培してから、ここを開墾して畑にする。マメ科植物は、根粒菌の働きによって重要な肥料分である窒素が固定されて土に補給される。そのためにマメ科の植物を栽培した跡地は土地が肥える。というわけで、クズの跡地の畑は作物がよく育つわけだ。何ともうまいことを考えたものだ。ところが、これが後に厄介な問題を引き起こしたという。栽培したクズが野生化して、町中にまではびこり、それを退治するのに大弱りをしたそうだ。

以上はアメリカでの話だが、最近、日本のクズの種子が中国へ持って行かれ、大河の堤防を、洪水の決壊から防ぐために使われているという話を耳にしたことがある。中国にもクズはあるはずと思うが、どうやらわが国のクズが役に立っているらしい。あの横走する太い根が張れば、確かに堤防の崩れを防ぐのには役立つに違いない。

このように、はびこれば始末の悪い雑草と化すが、大いに役立つ植物でもある。名前はクズだが、屑にならぬ由縁である。

クズのことはよく知られていても、その花を知る人が意外に少ない。平地に生えるクズは地を這うように茂り、花はその葉陰に隠れるようにして短い花穂をつけるので、上から見ているとと気づかないでいることが多いのが、その原因のようだ。ところが、山などで立木にからみついているところを下から見上げると、花が咲いているのがよく見られる。紫がかったその花は、優しく美しく、山上憶良が秋の七草の一つとして詠んだのも肯ける。

以前、春の七草の寄せ植えを作って市場に出荷していたことがあったが、その市場から、秋の七草の寄せ植えを作ってくれと頼まれたことがあった。ほかの六種は小型種があったり、小作りにして使えるが、はたと困ったのはクズである。これだけは、どうにも小作りにして花を咲かせることができそうにない。結局、あきらめて断ることになってしまった。どなたか、寄せ植え向きに小作りする方法があれば、教えを請いたいと思う。

因みにクズの名は、大和の国の栖《くず》という地名に由来し、昔、ここの人達が葛粉を作って売りに歩いたためと云われる。

ススキ

和名：ススキ
科名：イネ科
生態：多年草
別名：オバナ、カヤ
学名：*Miscanthus sinensis*

中秋の名月の夜、古くからお月見をする習わしがある。満月に模した丸い月見団子と、蒸した衣被《きぬかつぎ》を供えると共に、ちょうどその頃に穂を出すススキを飾る。真ん丸な満月の円と、繊細なススキの線とのコントラストは、美の極致の一つとも云えよう。

ススキは古名、オバナ（尾花）と云う。秋の七草にも、その名で登場する。その花穂が動物の尾を連想させるところから名付けられたのだろう。別にカヤとも云われる。茅葺《かやぶ》き屋根というのがあるが、これは茅すなわちススキの稈《わら》で葺いた屋根のことで、萱葺きとも書く。ススキのことを薄、萱、または菅の字を当てることがあるが、これは誤りで芒と書くのが正しいようだ。

ススキはわが国各地に野生し、大群落を作り、秋の訪れと共に、トウモロコシの雄花に似たより繊細な穂を出す。その姿は優雅で、独特な風情と秋の情緒があり、月見の時ならずとも切り花にして生け花にも使われる。変種に、花穂が紫赤色のものがあり、ムラサキススキと云う。このほかにも変種があり、葉が細く、やや小型のイトススキ、屋久島産の最も小型で草丈二〇センチメートルほどのヤクシマススキ、葉に白い縞斑《しまふ》の入るシマススキ、面白い矢羽型の斑が段状に入るヤバネススキ（別名：タカノハススキ）などがあって、これらはいずれも鉢植えや庭植えとして楽しまれている。また、八丈島などに多い、密集した大きな房状の穂となるハチジョウススキも一変種とされ、暖地では半常緑となるようだ。

昔は、武蔵野台地には木が少なく、ススキの群生地であったと云われ、このススキ原を開墾して畑地にしたというが、ススキの株は根が張っていて、これを抜き取るのは、現代のように機械のなかった時代では大変な労力であったろう。当時の家の屋根は多くが茅葺きで、一軒の屋根を葺くには大量のススキの稈が必要であった。そのために村落ごとに茅場が設けられていたという。地名や苗字に、茅場や萱場というのがあるのも、この辺りに由来するようだ。

　このように、ススキは雑草というよりも、昔の人の生活に大いに利用されていた有用植物でもあったわけである。屋根材として多く用いられたほか、その硬い稈を利用して山家では炭俵を作るのに用いたし、農家では冬期の霜除けにもよく利用した。

　ススキ属（ミスカントゥス属 *Miscanthus*）には、わが国中部以西に野生し、冬も葉をつけている常緑性のヤポニクス（*Miscanthus japonicus*）＝「日本産の」と名付けられたトキワススキ、オギ（荻）と呼ばれる湿地や水辺に多く生えるもの、また刈りやすいというところから名付けられたと云われるカリヤスなどがある。このように、ススキ一族は、けっこう種類が多い。

　ススキは極めて丈夫な植物で、抜き取るのに大層骨が折れるが、樹木などが茂って日陰になると、いつの間にか消えてなくなってしまう。私が世話になっている寺の参道の両側には、かつてススキが生えていたが、境内の樹木が茂ると共に、いつの間にか一株残らず消え去ってしまった。大きく茂るススキの株は、虫達の恰好の住処となっていて、この参道のススキには毎年クツワムシが住み着き、夏になるとガチャガチャとうるさいほどに鳴いていたものだが、ススキが消えると共にその鳴き声も聞かれなくなってしまった。武蔵野一帯も家が建ち並び、開発が進むと共に、あれほど多かったススキも、とんと見掛けなくなり、今ではあのクツワムシの鳴き声が懐かしく感じられる。

ススキといえば、この株に寄生する面白い植物がある。ナンバンギセルだ。ススキの株元から一五センチメートルほどに伸びる白い茎を立て、その先に、ほぼ直角に淡い紫紅色の筒状の花を咲かせる。その姿が大変愛らしく、観賞用として小型のヤクシマススキの株に生やした鉢植が売られていることがある。葉はなく、全く葉緑素を持たぬ植物で、ススキやミョウガなどに寄生して、宿主から養分をもらって生活している、動物界で云えば寄生虫的存在の植物である。ススキに多く寄生するために、ススキが消滅すると宿主と共に消え去ってしまう。このナンバンギセルの名は、花の咲いた時の姿が煙管《キセル》に似るところから付けられたものだが、南蛮とは外国を意味するので、西洋のパイプを連想したのかもしれない。また、その花の姿が首を傾げて物思いに耽るのを思わせるところから、古くは「思い草」とも呼ばれ、万葉集にも登場することから考えると、よほど古くから愛されてきた野の花の一つと云えよう。この仲間はハマウツボ科に属し、この科の植物はすべて葉緑素を持たない寄生植物である。

以前、友人の車に乗って、夕暮れのうす暗くなる頃、岩手山麓を走ったことがある。山麓一面、ススキの大群落で、咲き終って老《ふ》けたススキの穂が、夕闇にほの白く風に揺られる姿は、まさに枯尾花、その妖艶な美しさは今でも忘れられない。

和名：ミゾソバ

科名：タデ科

生態：１年草

別名：ウシノヒタイ

学名：*Polygonum thunbergii*

ミゾソバ

晩夏から秋にかけて、里山の溝地などに、うす紅色のソバに似た花を咲かせている野草をよく見掛ける。ミゾソバの花だ。溝の中から這い出るように茎を伸ばし、時には一メートル近くにまで伸びる。茎の節々から小枝を出して、その頂きにごく小さい花を十輪から二十輪ぐらいかためてつける。わずかに五弁に開くが、花びらに見えるのは実は萼《がく》で、本当の花びらはない。伸びる茎は赤味を帯びていて、細かい逆さ刺《とげ》があり、手でこすっても痛いというほどではないが、ざらついた感じがする。葉は戟《ほこ》の形をしていて、それが牛の顔に似ているところから、ウシノヒタイという別名がある。

このミゾソバの変種に、ミゾソバより大柄なオオミゾソバというのがあって、同様に溝地などの水辺に生える。このオオミゾソバは変った性質の持ち主で、地中枝を出して、そこからさらに小枝を出し、その先に花ではなく、直接果実をつけるという、いわゆる閉鎖花を出す習性がある。この閉鎖花はスミレ類に多く、春の花後、夏になると花を咲かせずに果実をつけ、ここに実った種子で繁殖することが多い。スミレ類のほか、キク科のセンボンヤリなども閉鎖花をつける。オオミゾソバの花はミゾソバ同様だが、わずかに大きい。同じく戟形の葉をつけるが、この葉には八の字形の黒斑がある。この斑紋はミゾソバにもあるが、こちらの方がより目立つ。

ミゾソバのように水辺に好んで生え、小花を頭状につけるものには、このほかにもいろいろな種類があり、ミゾソバと間違えることがある。サデグサは同じ戟形の葉をしているが、葉のつく節々に受け皿のような円形の托葉《たくよう》がつくのが一つの区別点だ。また、茎につく逆さ刺は触るとチクチクと痛みを感じる。サデグサの名も、撫でさすると痛みを感じるところから名付けられたという。この刺がさらに鋭くて、ぬるぬるとして摑みにくいウナギでも、この茎を利用すれば摑みとれるというところから名付けられたウナギヅル（ウナギツカミとも云う）というのもある。初夏に咲く花はミゾソバに似るが、花色は濃く、葉が細長く戟形ではない。これによく似て秋に咲く、アキノウナギヅルという別種もあり、さらに葉の長いナガバノウナギヅルというのもある。名前がよく似ていて間違えやすい近似種に、タニソバやミヤマタニソバという種類もある。前者は小型の長三角形の葉をつけるが、秋深まると共に美しく紅葉する。後者の方は、名のように山間渓谷などの日陰地に野生し、葉は広三角形で長めの葉柄があり、他種が淡紅色の花なのに対し、これは白い花を咲かせる。以上の種類は、いずれも一年草で、毎年種子がこぼれ落ち、春に芽を出して世代交代をすることになる。

同じくソバという名を冠したもので、最近、鉢物として市販されるようになったヒメツルソバというのがある。元々は中国南部原産のタデ属（ポリゴヌム属 *Polygonum*）の一種で、よく枝分かれする茎は地を這うように茂り、秋が深まると、茎の先々に深紅色の小花を密集させた頭状花序の花をつけ、花盛りの時には株一面、花で覆われるようになって大変美しい。かつて雲南の地を旅した時、石垣の間に生えたヒメツルソバが、長く垂れ下がって茂り、一面に花を咲かせているのを見たことがある。

近頃は、日当りのよい家の南側などにヒメツルソバが植えられているのを見掛けるが、秋の陽射しを受けて一面に咲く様は、思わず足を止めて見入ってしまうほどだ。元来は多年草だが、南中国産のためか寒さには弱く、霜が降りると枯れてしまう。ところが翌年になると、いつの間にか茂りだし、秋深まると再び一面に花を咲かせる。冬には地上部は枯れても根株だけが残って、春に再び芽を出して茂るのかというと、さにあらず。株は寒さで完全に枯死してしまう。芽が出るはずがない。実は種子がこぼれて、春に芽を出して育つのだ。したがって、一回植えておくと、毎年こぼれた種子で生え、あたかも多年草のようになる。殖やすには、種子ではもちろんのこと、挿し芽でも容易に根づくので、殖やす気になれば、簡単にいくらでも殖やせる。

ヒメツルソバは「姫蔓蕎麦」の意で、四国、九州などの暖地海岸に野生するツルソバという種類があり、これに対して小振りであるところから、この名が付けられたようだ。ツルソバの茎は長さ一メートルにも伸び、地を這うように広く繁茂する。ツルソバは夏から秋へかけて白色の小花を球状に咲かせるが、ヒメツルソバのような観賞価値はあまりない。

信州は蕎麦どころと云われる。痩地でもよく育つところから、山国の同地では至る所で蕎麦が作られ、季節ともなれば、山畑の斜面がその白い花で覆われていたものだが、近頃は安価な輸入品に押され、蕎麦畑もめっきり少なくなったようだ。

いつであったか、信州を旅した折り、蕎麦畑近くの溝地に淡紅色の帯のようにミゾソバが咲いているのに出会ったことがある。白い蕎麦の花と、淡紅色のミゾソバの花の映りのよさ、それは忘れ得ぬ旅の想い出であった。

ママコノシリヌグイ

和名：ママコノシリヌグイ

科名：タデ科

生態：１年草

学名：*Polygonum senticosum*

植物名には、時々奇妙な名前や、すさまじい名前を付けられたものがあって驚かされる。オオイヌノフグリなどは説明するのに少々気がひけるが、まあまあ愛嬌がある方だろう。ヘクソカズラは、まさに鼻をつまむ思いの名前だが、これもまだ許せる範囲だ。しかし、ママコノシリヌグイに至っては、すさまじいと云うよりほかにない差別的名称とも云えるだろう。

わが国各地の平地部で多く見掛ける蔓《つる》性雑草の一つで、茎は枝分かれしながら長く蔓状に伸び、ほかの草々を覆い隠すように茂る。この蔓には鋭い逆さ刺《とげ》が細かくついていて、これを取り除こうとすると、引っ掻き傷だらけになって閉口する。素手では、とても太刀打ちできない。ママコノシリヌグイなる名も、この始末に負えない逆さ刺がどうにも我慢できない、という苛立たしさから付けられたに違いない。これで継子の尻をぬぐうというのだから恐ろしい。

わが農園にも、このママコノシリヌグイ、やたらと生えてくる。ビニールハウスの脇などに生えたものは、いつの間にやらハウスの屋根にまで這い上がり、暑い夏の日除け代りをしてくれてよいか、などと呑気なことを云っているうちに、ハウスの中にまで入り込んでくる。そばを通ると、腕に触って引っ掻き傷だらけ。さすがに閉口して、取ろうとすると、またまた引っ掻き傷。蔓草の雑草は取り除くのに骨が折れるが、このママコノシリヌグイは、その上に逆さ刺があって始末に悪い。

というように、雑草の中では厄介者の一つだが、その名に反して、咲く花の何と可憐なことか。うす紅色の細かい小花が密集して球状につく株は、ミゾソバによく似ていて、逆さ刺さえなければ、意外に愛らしき野の花の一つと云える。この小さな一つ一つの花は、ほかのタデ類同様に無弁花で、萼《がく》が花びらの代りとなっている。うす紅色の花色も、萼の色ということになる。花後、小さな球状の果実をならせ、熟すと黒く色づく。

学名のポリゴヌム・センティコスム（*Polygonum senticosum*）のセンティコスムとは、「刺が密生している」という意味で、この目立つ逆さ刺があるゆえだ。

このママコノシリヌグイに近いものに、イシミカワというのがある。長く伸びる蔓を持つ一年草で、各地に野生し、やはりママコノシリヌグイ同様、葉柄《ようへい》や蔓に逆さ刺が密生し、これも取り除くのに厄介な雑草となる。両種よく似ているが、イシミカワは、花は緑白色で、短い穂をなしてつける。葉はどちらも三角形だが、ママコノシリヌグイの方が細長い。また、葉の付け根につく托葉《たくよう》にも違いがある。ママコノシリヌグイの托葉は小さくて茎を抱くように片側につくが、イシミカワの方は丸い楯《たて》形で、茎の周囲を回ってつくために、托葉の中から茎が突き抜けているように見える。花穂の付け根にも、この丸い托葉がつき、皿の中に花穂が立っているという感じだ。

このイシミカワ、花の色は地味だが、花後に実る球形の果実が熟すと、これを包み込む萼（宿存萼《しゅくそんがく》と云う）が美しい瑠璃色となって、宝石を見るような美しさがある。イシミカワの学名はポリゴヌム・ペルフォリアトゥム（*Polygonum perfoliatum*）と云うが、種名のペルフォリアトゥムとは「貫く」という意味で、丸い托葉から茎が突き抜けるように伸びる様から名付けられたものだろう。

イシミカワの茎は托葉からの突き抜き型だが、対生する左右の葉が癒着して一枚になって茎が突き抜けるようになる植物が時々ある。フェンスなどにからませて、観賞用として花を楽しむスイカズラ科のツキヌキニンドウ、切り枝が装飾用としても使われるツキヌキアカシア、オトギリソウの仲間のツキヌキオトギリなどがある。

ママコノシリヌグイとは極めて差別的名称で、今日、このような名前を付けたら顰蹙《ひんしゅく》を買ってしまうだろうが、ある植物のドイツ語名にこれによく似たのがある。冬から春の花壇に欠かせない草花に、おなじみのパンジーがある。このパンジー、ヨーロッパ一帯に野生するサンシキスミレを基に改良されたスミレで、「パンジー」はフランス名「パンセ」に由来するが、ドイツではシュティフミュッテルヒェン（Stiefmütterchen）と云う。シュティフミュッテルヒェンとは「継母」のことを指し、邦訳すれば「ママハハスミレ」ということになる。野生のサンシキスミレの花は、上の花弁は地味な紫色をしていて、下の三弁は黄、白、青などに彩られて華やかである。地味な上二弁を粗末な着物を着せられた継っ子に、下三弁を華やかな着物を着せられた連れっ子に見立てて、このように呼ぶようになったらしい。

フランス名のパンセは、「考える」とか「思想」という意味があり、これはギリシャ神話にある「神が地上に天使を遣わして、野に咲くスミレ（サンシキスミレ）に、世に遍くより高き思想と愛を広めよと命じた」という話に由来すると云われる。

植物名の語源が、国によってかくも異なるのも面白いことだ。同じ継母の名が付けられていても、ママコノシリヌグイの方はあまりにも残酷すぎていただけない。

イヌタデ

和名：イヌタデ
科名：タデ科
生態：１年草
別名：アカノマンマ
学名：*Polygonum longisetum*

夏から秋へかけて路傍や空地、畑など、至る所に、数多く枝分かれした茎の先に、桃紅色の小さな米粒のような花をぎっしりとつける野の草を見掛ける。イヌタデの花だ。茎は半ば地を這うようにして茂り、茎先をもたげて三〇~五〇センチメートルほどに伸びる。

タデの仲間は大変種類が多く、その中で最もポピュラーなのが、このイヌタデであろう。イヌタデが正式な名であるが、一般にはアカノマンマと呼ばれ、こちらの方がよく知られている。イヌタデとは「役立たずのタデ」という意味で、イヌタデにとっては無粋で少々気の毒な名だが、アカノマンマは、その米粒のような桃紅色の小花を赤飯に見立てて付けられたもので、こちらの方が親しみやすいし、この名が一般化しているのも肯ける。

どこにでも見られる雑草扱いにされている草だが、この花、野の草の中では、なかなか風情があって目を楽しませてくれる。畑などに生えると、雑草として引き抜かれてしまう運命にあるが、雑草にしておくには惜しい野の花の一つと云える。この仲間の、ごく小型の種類にヒメタデと呼ばれるものがあり、小鉢植えにされたものが時々市販されていて、山野草愛好家に好まれる。

イヌタデは「役立たずのタデ」とされてしまっているが、それならば役に立つタデというのがあるはずだ。その一つがヤナギタデという種類で、川辺などの湿地に生え、葉に特有の辛味があって、古くから刺身のツマなどによく用いられるし、鮎の塩焼きといえば蓼《たで》酢《ず》が付き物で、古来、重要な辛味料として使われてきた。別にホンタデやマタデの名があるのも、この有用性からであろう。この辛味料として用いるタデは、水に浸かって育つ変種のカワタデ系のもので、種々の品種があるようだ。
「蓼食う虫も好き好き」という諺《ことわざ》があるが、これは、この辛い葉を食べる物好きな虫がいる、というところから云われるようになったのであろう。だが、寡聞にして、これがどんな虫なのか、私はよく知らない。

さて、もう一つ、古くから役立ってきたタデがある。染料として用いられるアイがそれで、その葉汁が藍染めに使われる。元々は中国渡来の一年生タデの一種で、その利用法と共に、古くわが国へ伝えられ、藍染めが始まった。最近は、染料に化学染料が多く用いられるようになって、植物染料は実用的にはあまり使われなくなり、その栽培も往時のようには行われなくなった。が、草木染めの流行と共に、この藍染めも染織家の手によって復活の兆しがある。本物の藍染めには、化学染料にはない深みのある味わいがあるし、洗えば洗うほど味がでるという。このアイは、中国からわが国へ渡来した植物であるが、元来はインドシナ半島が生れ故郷と云われる。学名はポリゴヌム・ティンクトリウム（*Polygonum tinctorium*）、種名のティンクトリウムとは「染物屋」という意味で、まさに植物染料の代表的な植物と云えよう。

タデ類には、その花穂がミゾソバのように球状になるものと、イヌタデのように穂状になるものとがある。穂状型には、イヌタデやアイ、ヤナギタデのほか、イヌタデに似ているが葉が細く、花穂も細いホソバイヌタデ、やはりイヌタデに似て茎が立って伸び、淡紅色の小花が梅花状に開くハナタデ、同じように淡紅色の花が開いて咲き、しかもタデ類の中では大輪の美しい花を咲かせるサクラタデなどがある。

愚か者のことを「ぼんつく」と云うが、これが転化して名付けられたものにボントクタデというのがある。面白い名だが、これもイヌタデと同じ意味で、辛味料として利用されるヤナギタデに対して、辛味がなく役立たずということから、ボンツクタデ→ボントクタデになったようだ。ところが、愚か者にされてしまったこのタデ、葉に目立つ黒斑があり、長く枝垂れる細い花穂に、あらく淡紅色の縁取りのある白色小花をつけ、果実が実る頃になると宿存萼《しゅくそんがく》の上部が赤くなって、けっこう美しい。こうなると、ボンツクの名が気の毒に思える。

昔の子供達は、クローバーやレンゲソウなどの花を摘んで、花冠を作ったり、笹の葉舟を流したり、いろいろな草遊びをしたものだが、イヌタデの花も、その遊び道具の一つとされていた。女の子は飯事《ままごと》遊びが好きだ。イヌタデの花が咲きだすと、これを採ってきて、小さな器に盛って赤飯に見立てて遊ぶ。それこそアカノマンマである。アカノマンマの名の方が知られているのも、この飯事遊びによるものと思う。

和名：オオケタデ
科名：タデ科
生態：１年草
別名：ハブテコブラ
学名：*Polygonum orientale*

オオケタデ

タデ類には、草丈一メートルを超す大型種が時々ある。その中で最も大型なのが、このオオケタデで、時に二メートルほどにもなる。その名は「大毛蓼」の意味で、茎葉に微毛があり、大きく育つところから付けられた名だ。

晩夏の頃から太い茎を立て、先々で枝分かれするその先に、淡紅色の小花を太めの花穂に密につけ、垂れるようにして咲く。その姿が大変美しく、独特の風情があって観賞用としてよく庭植えにもされる。元々は深紅色の花だが、濃色の品種があって、これをアカバナオオケタデと称し、観賞用には、こちらの方が多く植えられる。

原産地はインドから中国にかけての東アジアで、わが国へは古く渡来して各地で野生化した帰化植物の一つである。

このほか、白花のものや斑《ふ》入り葉のものもあって、大型の一年生草花として楽しむのも面白い。庭などに一度植えると、こぼれ種子でよくあちこちに生えてくるほど丈夫な草で、すぐに野生化する。

葉はタバコの葉に似て大きく、この葉は虫に刺された時に、揉んでその汁を塗るとよく効く。わが家でも、観賞用というよりも、そのために、生えてくると抜かずに残しておく。草取りなどをしていると、よく蜂に刺される。この時に、この葉汁を塗ると、ひどくならずに済んで大変ありがたい。別名としてハブテコブラという名があるが、猛毒を持つハブとコブラの二大毒蛇を合わせた名で、何とも恐ろしい名前だ。これは、わが国の毒蛇のマムシに嚙まれた時の解毒用として使われたことに由来するというが、本当に効き目があるのかはよく解らない。マムシの名を使わずに、ハブとコブラの名を併用したのが面白いが、それほど効くということだろうか。

古くは、これをイヌタデと称したらしいが、今日のイヌタデとは別種である。

オオケタデほど大きくはないが、よく似た大型のタデにオオイヌタデというのがある。原野などによく見られる一年草で、紅紫色の小花を穂状に密生してつけて、オオケタデほど垂れ下がらないが、穂先がやや垂れて、タデ類の中ではオオケタデと共に美しいものの一つ。

大型のタデの中に、花が美しく、しかもよい香りを放つニオイタデというのがある。茎葉に細かい腺毛が密生して、この腺毛から香りが出るようだ。香草として利用したという話は聞かないが、香りを何かに利用できないだろうか。花穂はオオケタデやオオイヌタデほど大きくはないが、花色が濃い紅色で、タデ類の中では最も目立つ。香りと美しい花を持つタデとして、園芸化しても面白いような気がする。

ほかのタデ類とは趣きを異にするが、イタドリも同属の大型種で、各地の山野など、至る所に野生するおなじみの野草の一つだ。細い筍のような芽は酸味があり、春になると山菜の一つとして食べられるが、蓚酸《しゅうさん》による酸味であるため、食べ過ぎると体によくないと云われる。また、その黄色の根茎は痛みを取る薬として使われたことから、イタドリの名も「痛み取り」から付けられたという説がある。太平洋戦争中、食糧難であったことはもちろん、煙草にも不自由して、代用品としてイタドリの葉を乾燥して刻んだものが吸われ

が多いと思う。たことがあった。お年寄りの愛煙家には、イタドリというと、この代用煙草を思い出す人

北海道は、鮭、帆立貝、蟹など、美味なシーフードが多いが、その中の一つに雲丹《うに》がある。最近は雲丹の養殖が研究されているようで、この餌にイタドリの葉が用いられているということを聞いたことがある。いろいろな餌を与えてみたところ、イタドリの葉を最も好んで食べるそうだ。自然の状態では海藻などを食べているようだが、海の中にはイタドリは生えていない。どうしてイタドリが好きなのか、不思議なことだ。イタドリなら、北海道には大型のオオイタドリというのが至る所に群生しているから、もし、これが本当なら、餌に困ることはない。雲丹の餌にイタドリの葉を与えてみるなど、普通には思いつかないことだが、どうしてこのような奇想天外なことを考えたのか、その理由を知りたいものだ。

イタドリの花は、白い小花をあらく穂状につけ、あまり観賞価値はないが、時に紅色のものがあり、メイゲツソウ（名月草）と云う。

いつのことであったか、東京東部を流れる荒川に注ぐ新河岸川辺りであったと思うが、そこに架かる橋を車で通った時、川岸一面に野生化したオオケタデの群落が花盛りであったのを見たことがある。川岸に沿って桃色の帯を伸ばしたようなその光景に、思わず車を留めて眺め入ったものである。

遠く大陸から渡来して、いつの頃からか居着いて野生化したオオケタデの花は、初秋の風物詩とも云えよう。

コブナグサ

和名：コブナグサ
科名：イネ科
生態：１年草
別名：カイナグサ、アシイ、カリヤス
学名：*Arthraxon hispidus*

野の花の中には、目立たぬが、何か心を惹かれる草がある。コブナグサも、その一つだ。所々方々に生えて雑草扱いにされる草の一つでもある。

一年草で、芽吹いて伸び出す茎は、地を這いながら枝分かれして茂り、節々から根を出して、しっかりと大地を摑んでゆく。節々につく葉は先の尖った卵円形で、その付け根は茎を左右から包むようにしてつく。葉形が小鮒を思わせるところから、この名が付けられたという。何か心惹かれるのも、この可憐な名のためかもしれない。

秋が訪れると、伸びた茎先や葉腋《ようえき》から細い花茎を出して、メヒシバの花穂を小さくしたような茶筅《ちゃせん》形の紫色がかった花穂を出す。これがまた、何とも云えぬ可憐な姿で、風情がある。メヒシバの花穂もなかなか美しいが、これとは違った趣きがある。

このコブナグサ、雑草の一つとして畑や花壇に生えれば引き抜かれるが、染料用植物として使われることがある。伊豆七島の一つ八丈島、ここの名産品に黄八丈という織物がある。絹布に黄、茶などを縞模様に染め上げ、独特な深味と、粋な味わいがあって喜ばれる。近頃は化学染料で染めたものもあるようだが、本物は土と植物染料を用い、黄色の染料として、このコブナグサが用いられる。雑草扱いされる草だが、思いがけぬところで役立っているわけだ。

同じイネ科でもコブナグサとは全く別属の植物であるが、何となくムードが似ているものに、チヂミザサというのがある。樹林下のような日陰地に好んで生える多年草で、枝分かれして伸びる茎はコブナグサのように地を這って茂り、同じように節々から根を下ろす。

葉も先の尖った、やや長めの卵円形で、その付け根は葉鞘《ようしょう》となって、長く茎を包み込むように互生してつける。異なるのは葉に縮みがあることと、微毛（特に葉鞘部）があることだ。チヂミザサの名も、葉縁に縮みがあるからだが、この縮みと微毛のある様は、どこかソフトな感じで優しさがある。秋になると、茎先に直立する花穂を出すが、コブナグサとは違って針状の芒《のぎ》のある小花を穂状に綴り、この花穂にはコブナグサのような風情はない。加えて、この芒《とげ》は果実が熟してくると、臭気のある粘液を出して衣服などにくっつく。野草の中には刺や鉤爪《かぎづめ》を備えて、動物や人の衣服について種子が遠くまで運ばれて分布を広めるものがよくあるが、このチヂミザサは粘液によって付着するという変った方法をとっている。

植物は、あの手この手で己が子孫の分布を広めようとする。タンポポやカエデのように風を利用するもの、ホウセンカのように物理的に種子を弾き飛ばすもの、スミレのように種子を弾き飛ばすと共に、蟻によって運ばれるというご丁寧なものもある。液果の類は鳥によって食べられ、消化しない種子は糞と共に遠くまで運ばれて播かれる。そして、このチヂミザサやヌスビトハギ、イノコズチのように、動物や人の衣服について運ばれるものなど、その巧妙な仕組みには驚かざるを得ない。

チヂミザサの近縁種に、よく似てこれより小振りのコチヂミザサというのもあり、チヂミザサ同様、林下などの陰地に生えるが、こちらの方は葉鞘部にあまり毛がない。

イネ科の草の葉は、多くは細長い線状であるが、その点、コブナグサやチヂミザサの葉は短い披針《ひしん》状卵形でイネ科植物らしからぬ形をしている。

ところで、コブナグサにはいろいろな別名がある。カイナグサという別名は、古名「カイナ」に由来すると云われるが、この語源説は少々複雑である。染めることを掻くとも云い、カイナグサとは「掻成草《かきなしぐさ》」の転化という説があるが、これはかなり回りくどい説で定かではないらしい。おそらく、この草が染料として用いられることによるのだろう。また、「アシイ」という古名もある。これは「脚藺《あしい》」の意で、膝曲《しっきょく》して伸びる茎を脚に喩《なぞら》えた名だという説があるようだが、これも定かではない。このほか、カリヤスと呼ばれることもあるが、本当のカリヤスはススキの仲間である。

わが家の樹木類の植え込みの下に、今年もまた、地を這うようにコブナグサが茂ってきた。所々にチヂミザサも生えている。別に邪魔にもならぬので、そのままにしてある。最近、ガーデニングがはやると共に、カバー・プランツと云って、いろいろな下草を植えて茂らせることが盛んになったが、時々、このコブナグサやチヂミザサも、カバー・プランツにならないだろうかと考えることがある。特にチヂミザサなどは、葉が生い茂ると、けっこう見られるし、コブナグサは、その茶筅状の花穂が並び立つと、雑草と見るには忍びがたい趣きがある。だが、ことさらカバー・プランツとして植えるよりも、自然に生えて茂ってくれた方がよいものとも思う。

和名：アカザ
科名：アカザ科
生態：１年草
学名：*Chenopodium album var. centrorubrum*

アカザ

わが国の野生植物の中には帰化植物であるにもかかわらず、日本原産然として野生化してしまっているものがよくあるが、このアカザもその一つである。

人の丈ほどにもなり、多数の枝を出して茂る大型の一年草で、茎は太く硬く、切り取って乾かすと木のようになる。中国生れの植物で、同国では昔、仙人が杖にしたという云い伝えがある。いわゆる「あかざの杖」というのがこれだ。杖といえば、普通には樹木の幹や枝を用いるが、仙人の持つ杖がなぜ草であるアカザなのか、子供の頃から不思議に思っていたが、いまだによく解らない。たぶん、アカザの茎は乾かすと木質化して硬くなり、太さも手頃で杖にもちょうどよい、というところからだろう。

葉は、葉縁に浅い欠刻《けっこく》のある菱形で、頂部の葉は赤紫色に色づく。アカザの名も、ここから付けられたようだ。時に、赤ではなく、白く色づくものがあり、これをアカザに対してシロザ、またはシロアカザと云う。分類学上は、このシロザの方が基本種となっていて、種名のアルブム（*album*）は「白い」という意味である。アカザの方はこれの変種とされ、変種名は「中心が赤い」という意味のケントロルブルム（*centrorubrum*）と名付けられている。大株に育つと、頂葉が色づいていても、それほど美しいとは思わないが、芽生えて間もない若苗では、その色合いが際立って目立ち美しい。畑などに生えると、大きく茂って、しかも大株になると根が張って引き抜くのに骨が折れる。小さいうちに見つけて抜くとよいが、頂葉の色がくっきりとして美しく、引き抜くのに躊躇《ためら》ってしまう。

茂ると厄介な雑草となるが、その若芽は昔から食用にされ、浸し物などにして美味だし、これを炊き込んだ「あかざ飯」というのもある。食糧難であった戦争中、よくこの若芽を摘んで食べたものだ。飽食の時代と云われる今では、山菜ばやりになっても、食用としてはほとんど見向きもされなくなってしまった。

このアカザ、食用にされなくなったためでもあるまいが、近頃は昔ほど見掛けることが少なくなったようだ。アカザの兄弟分にコアカザというのがあって、これも外来の帰化植物であるが、こちらの方は今でも、あちこちによく生え、アカザと見ればコアカザであることが多い。葉はアカザよりも細長く、小振りで頂葉は色づかない。食べても不味いし、よいところなしという、まさに雑草というところ。アカザより小柄で、茎も細めであるから杖にもならないだろう。

アカザ、コアカザ共に、およそ見映えのしない黄緑色の細かい花を穂状につけ、萼《がく》と雌《し》雄蕊《ゆうしべ》のみの無弁花だ。アカザは初秋の頃に咲くが、コアカザの方はそれより早く、初夏の頃に花穂を出す。

アカザと同属のもので、わが国に野生するものが幾つかあり、河原などに生えるカワラアカザや、これにごく近い海岸の砂地で見掛けるマルバアカザなどがある。

ほかに、アリタソウというのがあり、これは中米原産で、古く薬草として渡来し、一時は栽培されたこともあったようだが、今では完全に帰化野生化し、雑草の一つとして扱われている。茎葉に強烈な臭気があって、駆虫剤として使われていたようだ。このにおい、いわゆる臭《くさ》いというようなものではなく、鼻を突くような強臭で、一度嗅いだら二度と嗅ぎたくなくなる不快なにおいである。どんなにおいかと云われても、表現しにくいにおいで、あえて云うならば、ハーブの一つとして知られるルー（Rue 和名：ヘンルウダ）によく似たにおいだ。実際、ルーのにおいに似ているために、混同されてルーダ草という別名がある。本名のアリタソウは、渡来後、北九州肥前の有田地方で栽培されたためとも云われるが、定かではない。

わが家の農園にも、いつどこから入り込んだのか、このアリタソウが生えてくる。草取りをしていると、そのにおいで存在が解るほどの強いにおいで、引き抜く時には思わず息を止めてしまう。どうにも好きになれない雑草の一つだ。

子供の頃に住んでいた東京駒場の周辺は、東大農学部の農場があったために武蔵野の面影が濃く残り、あちこちに草地や空地があって、アカザも多く生えていた。よく母に云われてアカザを摘んできて、これが食卓にしばしば登場したものだ。今でも、たまにアカザを見つけると、母と共にアカザ摘みをしたことを思い出す。

雑草扱いにされる草だが、私にとっては懐かしい想い出の草でもある。

キンミズヒキ

和名：キンミズヒキ

科名：バラ科

生態：多年草

学名：*Agrimonia pilosa var. japonica*

バラ科の植物には、へえ、これバラなの？　と思えるほど、バラの花のイメージから懸け離れた花を咲かせるものがよくある。このキンミズヒキなども、その一つだ。

夏の終りから秋へかけて、五〇～六〇センチメートルほどに伸びる茎先に、さらに、すうっと伸びる細長い花穂を立て、黄金色の小花を密集して咲かせるため、野の花の中では意外と目立つ。その名も、花色から金色の水引に見立てたものだ。

ただのミズヒキという植物もあるが、これは全く別のキンミズヒキとは関係のないタデ科の植物で、各地の林下などに野生し、細長い穂に紅色の小花をチラチラとつけ、その様子が赤い水引を思わせるところから名付けられたものだ。これの白花種をシロミズヒキとは云わず、洒落でギンミズヒキと云う。どちらも寂しげな花であるが、独特の風情があって和風庭園などに植えられることも多い。

キンミズヒキも、派手ではないが、黄金色に染まる花穂がけっこう美しく、近頃、鉢植えにしたものが時々売られ、山野草愛好家の間でも育てられている。各地に野生していて、草地などにほかの草々の中から、黄金色の花穂をすっと伸ばして咲く姿は、なかなか趣きがある。

このキンミズヒキ、わが国だけでなく、ユーラシア大陸の温帯域に広く分布しており、中国では「竜牙草」と称して薬用植物の一つとしても扱われている。わが国でも民間薬として、その茎葉を煎じたものを下痢止めや、かぶれ、湿疹の時に、冷湿布をするのに利用されてきた。ハーブというと西洋のものとされやすいが、漢方で用いる薬草はすべてチャイニーズ・ハーブというわけだ。

　葉は大小不ぞろいの奇数羽状複葉で、茎葉共に細かい毛がある。そして、その葉はちょっと大根の葉に似ている。大根の葉形というと、同じバラ科の多年草に、その名もずばり、ダイコンソウというのがある。大根の仲間かというと、さにあらず。葉は大根によく似て、花はキンポウゲに酷似している。花だけを見ると、キンポウゲの仲間と間違えやすいが、これなどもキンミズヒキ同様、バラらしからぬバラ科植物の一つだ。このほかにもヤマブキショウマというのがあり、アワモリショウマやチダケサシなどのユキノシタ科のショウマ属（アスチルベ属 *Astilbe*）の仲間と思われがちだが、これも実はバラ科の植物である。「ショウマ」の名が付いているために、よけいに間違われやすい。

　植物の名前には、キンミズヒキと云ってもミズヒキの仲間にあらず、ダイコンの名が付いていても大根とは全く別物、ヤマブキショウマと云ってもショウマ類ではないなど、素人が見聞きしたら間違えやすいものが数多くある。最も煩わしいのは、ランの名を冠した植物だ。葉形や花形がラン類に似ていると、ラン科植物ではないにもかかわらず○○ランということにされてしまう。ゴマノハグサ科のウンラン、ユリ科ではノギラン、ヤブラン、キミガヨラン（ユッカのこと）、オリヅルラン、タケシマラン等々、かなり多いし、多くの人達が、てっきりランの仲間と思い込んでいるクンシランはヒガンバナ科の植物である。ランは高貴な植物ゆえに、ランの名がすっかりラン用されてしまっているようだ。

　年に数回、花好きの人々の案内役として、諸外国あちこちへフラワー・ウオッチングの旅をする。わが国にはない花々を見るのは、私にとっても無上の喜びで興奮を覚えるが、わが国にも野生する同種の植物にも、よくお目にかかる。日本にもある植物だからと無視しやすいかというと、そうではない。「おお、お前、ここにもいたか……」と、旧知の友に会ったような懐かしさを覚える。夏の項で触れたクサノオウなどはヨーロッパ各地でお目にかかるし、高山植物として有名なチョウノスケソウやツマトリソウ、ミネズオウなどは、カナダ、アラスカからヨーロッパの山岳地帯まで、あちこちで出会う。

キンミズヒキは新大陸にはないようだが、ヨーロッパの山地を旅すると、よく見掛ける野草の一つで、当り前だが、わが国のものと同じ花を咲かせている。でも、なぜか新鮮な感じがするのが不思議だ。

わが家にも、植えた覚えはないのに、所々にキンミズヒキの花が咲く。以前、生い茂った雑草を取るよう、家人に頼んで外出したことがある。この中にキンミズヒキが数株混じっていて、「あれは残しておくように」と頼むのをうっかり忘れてしまった。帰宅してみると、雑草はきれいに取り除かれて、さっぱりとしていた。ところが、刈り取られたあとにキンミズヒキの株だけが残され、黄金色の花穂を風に揺らめかせる姿があった。

「ああ、残しておいてくれた……」

家人も、その花の美しさに惹かれて、抜き取れなかったのだろう。ほっとすると共に、思わずほくそ笑んだ想い出がある。

ワレモコウ

和名：ワレモコウ
科名：バラ科
生態：多年草
学名：*Sanguisorba officinalis*

キンミズヒキ同様、バラのイメージとは懸け離れたバラ科植物の話である。

秋の野辺に、枝分かれしながら一メートル近くに伸びる枝先に、球状で小指の頭ほどの小さな暗紅色の花をかためて咲かせる野草を見掛けることがある。ワレモコウの花だ。串の先に玉を付けたような姿は、どこか飄々とした感じがあると共に、暗紅色の花色がいかにも秋の花という風情を漂わせる。山上憶良の詠んだ秋の七草の歌には登場しないが、もう一種増やして八草にしてよければ、真っ先に付け加えたいのが、このワレモコウである。

ワレモコウという名が、どういう意味かは計りがたい。一説によれば、「吾木香」の意だというが、木香とはモッコウバラのことだ。また、古くキク科の植物にワレモコウというのがあり、これがいつの間にか今日のワレモコウに変ってしまった、という理解しがたい説もある。このほか、「我亦紅」の意で、花は暗紅色で目立たないが、「我も赤いぞ！」と気張って自己主張しているから、という面白い説もある。どうも、「我亦紅」説の方が説得力があって、あの花を見れば、なるほどなアと肯いてしまう。

さて、このワレモコウの属するサングイソルバ属（ワレモコウ属 *Sanguisorba*）のサングイソルバには「血を吸いとる」という、いささか恐ろしげな意味がある。なぜ、そのような属名が付けられたのかはよく解らないが、漢方では「地楡《ちゆ》」と称し、その根を煎じた汁で口内炎や喉の痛みの時のうがい薬に使われている。吸血という意味はどうやら反対で、タンニンを多く含むため止血作用があり、西洋ではこれに用いたそうである。種名のオフィキナリス（*officinalis*）は「薬用の」という意味であるから、古今東西、薬用として重用されてきたことには違いない。

　このワレモコウも、かなり広域に分布する植物で、新旧両大陸の温帯域から亜寒帯域へかけて野生し、私もアラスカやヨーロッパで見掛けたことがある。

　地味な花ではあるが、園芸的にも観賞用宿根草として取り上げられていて、草丈三〇〜四〇センチメートルの小型の矮性品種もあって、鉢植えにされたものが売られているし、茶花として切り花にもされる。

　この仲間、サングイソルバ属には、わが国にはワレモコウのほか、カライトソウと、ナガボノシロワレモコウの二種がある。カライトソウはわが国の高山植物で、丈高く伸び、夏の頃に、花びらを欠く紫桃色の蕊《しべ》のかたまりのような小花を、長い花穂にぎっしりとつけ、花穂は優雅に垂れ下がって大変美しい。高山植物ではあるが、低地で育てても意外に丈夫で、よく育つため、鉢仕立てのほか、庭植え用の宿根草花としても使われている。カライトソウとは「唐糸草」の意で、古く中国より渡来した美しい絹糸を思わせるところから付けられた名のようだ。

　ナガボノシロワレモコウは名が示すように、花穂が長く白色花を咲かせる。北海道でよく見掛けるが、九州に至るまで各地に分布し、湿原に多い。カライトソウほどの美しさはなく、園芸的に利用されることは少ないが、これの赤花種のナガボノアカワレモコウは、紅紫色の花を咲かせるので、この二種を併せて植えたら紅白となって、めでたく楽しめるのではなかろうか。

アラスカを旅した折り、このナガボノシロワレモコウによく似た花を見たことがある。初めはナガボノシロワレモコウだと思っていたが、同地のワイルドフラワーのガイドブックで調べてみたところ、同属ではあるが、別種のスティプラタ（*stipulata*）という種類で、同地ではシトカ・バーネット（Sitka Burnet）と云うらしい。ナガボノシロワレモコウは花穂の先がやや垂れ気味になるが、こちらの方はあまり垂れず、直立していることが多い。

香草ばやりだが、この中にサラダ・バーネット（Salad Burnet）というのがある。バーネットとはワレモコウの英名であるが、学名はポテリウム・サングイソルバ（*Poterium sanguisorba*）となっていて、ワレモコウとは別属となっている。種名の方がワレモコウの属名と同じで、さて、これどういうことなのか？　と首を傾げてしまったが、別属としても同じバラ科であるし、形状もよく似ているので、かなり近縁のものであろう。そして日本名はオランダワレモコウとなっている。このサラダ・バーネット、その名のようにサラダにすると、胡瓜《きゆうり》に似た風味があって、けっこういける。

私の住む小平の地にも、三十年ぐらい前までは、時折、野生のワレモコウを見掛けたが、開けてしまった今日では全く見られなくなってしまった。

ススキが穂を出し、暑さも遠のく頃、ひそやかに咲くワレモコウの花は、それは秋の情緒たっぷりで、咲き乱れるコスモスを横に見て、「我も赤いぞ！」と訴えているようだ。

ヌスビトハギ

和名：ヌスビトハギ

科名：マメ科

生態：多年草

学名：*Desmodium podocarpum subsp. oxyphyllum*

植物名には、うがった名前のものが時々ある。ヌスビトハギなどは、その最たるものだろう。調べてみると、この植物の実莢《みさや》の形が、忍び寄る盗人の足跡に似るからだそうだ。だが、この実莢の中ほどにはくびれがあって、どちらかといえば半分に切った眼鏡のような形に見える。どう見ても盗人の足跡などとは思いつかない。有名な『牧野日本植物図鑑』には、こう説明がしてある。

「盗人萩は盗賊室内に潜入し、足音せぬよう、蹠を側だて其外方を以て静かに歩行する其足跡が莢の形状相類するによる」

　頭脳不明晰な私には、解ったような解らぬような、それこそ盗人に「これ、本当か？」と聞いてみたくなる。

　それはさておき、このヌスビトハギ、各地の山林樹下などに広く野生していて、秋になると葉腋《ようえき》から長い花軸を出して、淡紅色の小さな豆状の花をあらく穂状に綴る。いかにも藪下の花という感じの寂しげな花だが、何となく愛らしさがある。しおらしき花とも云えるが、どうしてどうして、なかなかの知恵者だ。花後に実る扁平な果実は、半月形の莢が二莢結びつく面白い形をしていて、それが半分に切った眼鏡の形によく似ているのだが、この莢の先端には鉤爪《かぎづめ》があって、触れるものにたちまちくっついてしまう。人の衣服や動物の体についた莢は遠くまで運ばれ、落ちたところで芽を出すというわけだ。このようにして分布を広める植物は、ヌスビトハギ一族はみなそうであるし、イノコズチなどもよく知られている。

オーストラリアやニュージーランドに、ビディビッド（Bidibid）とかビディビディ（Bidibidi）と呼ばれる小型のバラ科植物がある。多数の雌蕊が小球状にかたまってつく変った花で、小房から突き出る花柱は針状をしていて、花房全体が毬栗《いがぐり》のようになる。熟してくると、この花柱がルビー色となって、大変美しい。

オーストラリア東南端にあるタスマニア島へ出掛けた時のことだ。海岸にビディビッドが群生していて、ちょうどこの毬栗坊主が色づいていた。赤い絨緞を敷き詰めたようで、見とれるほどの美しさだった。アップの写真を撮ろうと、つまずきながらそばへ近寄って接写する。撮り終って、やれやれと立ち上がってズボンを見て驚いた。ビディビッドの刺《とげ》のような赤い花柱がズボンに突き刺さって、一面、ビディビッドの種子だらけではないか。手ではたき落とそうとしても、しっかりと刺さっていてびくともしない。幸い泊っていたロッジが目の前であったので、急ぎ帰って部屋に戻りズボンを脱ぐ。さあ、それからが大変。無数にくっついてしまった種子を一つ一つ指で取り除かねばならぬはめに陥ってしまった。もっとも、この落とした種子、塵箱行きになってしまったから、この分だけは繁殖には役立たずに終ったというわけだ。

ヌスビトハギには幾つかの仲間がある。各地の藪などに生える、その名もヤブハギと呼ばれるものは、花はヌスビトハギより小さい淡紅色の花をあらくつけるので、あまり見映えはしない。ヌスビトハギ同様、三小葉よりなる葉をつけるが、ヤブハギの方が小葉の一枚一枚が幅広く大きい。果実はヌスビトハギと同じような眼鏡形の実莢で、やはり鉤爪を持つ。

山地の林下などに野生するフジカンゾウは、草丈一メートル以上になる大型の種類で、淡紅色の花もヌスビトハギよりやや大きく、しかも穂状に密生してつけるので、この仲間では見映えがする。やはり、花後に鉤爪のある眼鏡形の実莢をつけるため、衣服などにつきやすい。葉は前二種と違って小葉が五枚ないし七枚の羽状複葉だ。フジカンゾウの名は、同じマメ科のフジ、あるいは薬草の一つのカンゾウ（甘草と書き、ユリ科の萱草とは異なる）の葉に似るところから付けられたもので、葉形を強調したずいぶんご丁寧な名前だ。

同属の植物にもう一つ、ミソナオシという変った名の種類がある。丘陵地などに生える小型の灌木で、小さな黄色味を帯びた花を穂状に綴るが、花後にできる実莢は眼鏡形ではなく、長さ五センチメートルぐらいの細長いインゲン形で、果皮に細かい鉤爪があって、やはり同じように衣服などにくっついて運ばれる。この名のミソナオシとは何のことかというと、「味噌直し」の意で、不味くなった味噌にこの茎葉を入れると、味が直るところから付けられたそうだ。このミソナオシ、別にウジクサの名がある。「蛆草」の意で、不快な名前だが、蛆がついた古味噌に茎葉を混ぜると、蛆が死ぬところから付けられたそうだ。でも、蛆は死んでも、この味噌、食べる気にはならないだろう。蛆を殺す作用があるならば、便所などにも利用できるのではないだろうか。

秋が深まり、雑木林などを散策すると、よくヌスビトハギの種子に取りつかれる。厄介者だが、これも秋の風物詩の一つと思う。

和名：センニンソウ
科名：キンポウゲ科
生態：多年草
学名：*Clematis terniflora*

センニンソウ

秋の訪れを感じる頃、郊外を散歩すると、畑を囲むように植えられた茶畑などに、真っ白く雪が積もったように群れ咲く花を見ることがある。そんな光景に出会うと、「ああ、今年もまたセンニンソウの咲く季節になったナ」と思う。センニンソウは、秋の訪れを告げる花の一つでもある。

わが国各地の日当りのよい山野に野生する蔓草《つるくさ》で、ある時は地を這い、ある時は他物にからみついて茂り、秋になると蔓先や葉腋《ようえき》から花茎を出し、枝分かれしながら白い十文字に開く四弁花を群れ咲かせる。花房はかなり大きく、花盛りには、株を覆い尽くすように咲いて大変美しい。四弁花であるが、花びらと思えるのは花弁ではなく萼《がく》で、この一族の花はすべて萼が花弁の代役をする無弁花だ。

この一族、クレマチス属（*Clematis*）は大変多くの種類があり、世界中に分布していて、この中には花の美しいものが多く、改良されて園芸化されたものがたくさんある。園芸的には、これらの園芸種を総称してクレマチスと呼んでいる。しかし、わが国ではクレマチスと云っても、解らない人がまだまだ多い。が、テッセンの仲間と云うと、ほとんどの人が肯いてくれる。一方、クレマチス＝テッセンと思っている人も多いようだが、テッセンとは中国から渡来した同国産の一種を指す固有名称であって総称ではない。なぜ、テッセンが通り名になってしまったかというと、古くから観賞用として楽しまれてきたことと、茶花として愛用されてきたためのようだ。本物のテッセンは、大輪白色の六弁花を咲かせ、中心の蕊が濃い紫色をしていて、その白と紫のコントラストが目立って美しい花だ。実は、わが国にもテッセンに劣らず大輪美花を咲かせる野生種があり、これをカザグルマと称する。こちらの方は、花びらが八枚で、テッセンより花弁数が多い。白色花のものもあるが、多くはうす紫色をしていて美しく、昔から庭植えなどにして楽しまれてきた。ヨーロッパにも各種の野生種があり、これに中国産のテッセンやラヌギノーサ、わが国のカザグルマなど、いろいろな種類を用いて、十九世紀から盛んに改良が行われて、現在見るようなバラエティに富んだ改良品種が作られてきた。近年、わが国でもクレマチス・ブームが起こり、最近は中北米原産種まで市販されている。

園芸種は春咲き種が多く、近頃は秋まで咲き続ける四季咲き種が増えているが、センニンソウのような秋咲きの改良種はあまりない。

センニンソウによく似た、夏から秋咲きの野生種が幾つかある。よく間違えられるのがボタンヅルという種類で、花だけ見ると区別しにくいが、葉の形が違うので葉を見ればすぐ解る。センニンソウは奇数の羽状複葉で、葉に切れ込みはないが、ボタンヅルの方は小葉が三枚つく複葉であると同時に葉縁に欠刻《けっこく》があり、その葉形がボタンの葉に似るところからこの名が付けられた。センニンソウも各地の山野に生えるが、ボタンヅルの方はどちらかというと山地で見ることが多いような気がする。

このほか、コボタンヅルというのもあり、ボタンヅルに似て葉が小型であるためにこの名が付けられたが、再三出複葉となる違いがある。これは関東の山野に野生する地域限定種のようだ。

また、四国、九州、沖縄などの南国に野生し、葉の小さいメボタンヅルというのもあり、別名コバノボタンヅルとも云う。

オーストラリアやニュージーランドへ十月頃に旅をすると、立木に絡んだり低木類などに覆い被さって茂る、センニンソウにそっくりの真っ白な花を咲かせるクレマチスを見ることが多い。このオセアニア産のクレマチスは数種類あり、いずれも白花でセンニンソウによく似ているが、花はセンニンソウよりもかなり大きい。初めて見た時、「ああ、やっぱり秋に咲くのだナ」と思ったが、よく考えてみたら北半球と南半球では季節が逆になるから、十月は向うでは春である。これらの種類はいずれも春咲き種というわけだ。

センニンソウ、ボタンヅル、どちらも白花だが、夏から秋へかけて咲く花の中では目立って美しい。花が終ったあとに実る果実には、翁の鬚のように、長く白い羽毛状の毛が生えている。これが仙人のように見えるところから、仙人草と名付けられたのではないかと思うが、確信はない。

センニンソウにはプロトアネモニンという毒素が含まれ、この汁が皮膚につくと、爛《ただ》れたような炎症を起こし、水ぶくれとなる。うっかり口にすると、口中灼熱、飲み込むと胃腸の粘膜が爛れて血便を出すこともある。注意しなければいけない有毒植物の一つだが、その太い針金のような根は、クレマチスの接ぎ木苗を作る時の台木に使われることもある。

あとがき

かつて生物学者でもあられた昭和天皇は、「雑草という植物はない」と云われたそうだが、確かに、雑草という言葉には差別的なニュアンスがある。すべての植物を愛された天皇にとっては、この言葉を好まれなかったお気持ちがよく解る。どんなに見映えがせず、つまらないと思う植物でも、よく観察すれば素晴らしい生き物としての美しさがある。

農学的には、植えられた植物の栽培に支障を来す植物のことを雑草と云うらしい。ところが、一般には、名も解らぬ、美しくもない草々をすべて雑草という言葉でくくってしまっているようだ。野の草でも、美しいものは雑草扱いされない。人間でも、美人だけが人間ではないし、人種が異なっても、人権は平等である。

雑草という言葉は、差別的ではあるが、半面、庶民的な親近感がある。題名を『雑草ノオト』としたのも、美人も不美人も差別なく、私たちの身近に普通に見られる草、と解釈していただきたいと思うからである。

わが国は世界でも珍しい四季のはっきりした国である。四季それぞれに咲く花があり、咲く花によって季節を知る。日本文化は、この豊かな四季の恵みを受けて発達した。春の七草、秋の七草の歌が生れたのも、日本ならではのことだ。

本書でも、四季それぞれに咲く身近な野の花を、私なりに選んでみた。どんな草でも、どこかに美しさがあり、役立つ面があることを汲んでいただければこれに過ぐる幸せはない。

末筆ながら、本書の刊行に労をとられた毎日新聞社の福田正則氏と、素晴らしい挿画を描かれた三品隆司氏に心から感謝をしたい。

平成十四年十一月

柳 宗民

索引

本書は二〇〇二年一二月二〇日、毎日新聞社より刊行されたものである。

あそぶ神仏　辻惟雄

白隠、円空、若冲、北斎……。彼らの生んだ異形でかわいい神仏とは。「奇想」で美術の常識を塗り替えた大家がもう一つの宗教美術史に迫る。（矢島新）

デュシャンは語る　マルセル・デュシャン　聞き手ピエール・カバンヌ　岩佐鉄男／小林康夫訳

現代芸術において最も魅惑的な発明家デュシャン。謎に満ちたこの稀代の芸術家の生涯と思考・創造活動に向かって深く、広く開かれた異色の対話。

音楽理論入門　東川清一

リクツがわかれば音楽はもっと楽しくなる！　楽譜で用いられる種々の記号、音階、リズムなど、鑑賞や演奏に必要な基礎知識を丁寧に解説。

プラド美術館の三時間　エウヘーニオ・ドールス　神吉敬三訳

20世紀スペインの碩学が特に愛したプラド美術館を借りて披瀝した絵画論。「展覧会を訪れる人々への忠告」併収の美の案内書。（大高保二郎）

土門拳 写真論集　土門拳　田沼武能編

戦後を代表する写真家、土門拳の書いた写真選評やエッセイを精選。巨匠のテクニックや思想を余すところなく盛り込んだ文庫オリジナル新編集。

なぜ、植物図鑑か　中平卓馬

映像に情緒性・人間性は不要だ。図鑑のような客観的視線を獲得せよ！　日本写真の'60～'70年代を牽引した著者の幻の評論集。（八角聡仁）

絵画の政治学　リンダ・ノックリン　坂上桂子訳

ジェンダー、反ユダヤ主義、地方性……。19世紀絵画を、形式のみならず作品を取り巻く政治的関係から読み解く。美術史のあり方をも問うた名著。

監督 小津安二郎〔増補決定版〕　蓮實重彦

小津映画の魅力は何に因るのか。人々を小津的なものの神話から解放し、現在に小津を甦らせた画期的著作。一九八三年版に三章を増補した決定版。

ハリウッド映画史講義　蓮實重彦

「絢爛豪華」の神話都市ハリウッド。時代と不幸な関係をとり結んだ「一九五〇年代作家」を中心に、その崩壊過程を描いた独創的映画論。（三浦哲哉）

バルトーク音楽論選
ベーラ・バルトーク
伊東信宏／太田峰夫訳

中・東欧やトルコの民俗音楽研究、同時代の作曲家についての批評など計15篇を収録。作曲家バルトークの多様な音楽活動に迫る文庫オリジナル選集。

古伊万里図鑑
秦　秀　雄

魯山人に星岡茶寮を任され柳宗悦の蒐集に一役買った稀代の目利き秦秀雄による究極の古伊万里鑑賞案内。限定五百部の稀覯本を文庫化。（勝見充男）

新編 脳の中の美術館
布　施　英　利

「見る」に徹する視覚と共感覚に訴える視覚。ヒトの二つの視知覚形式から美術作品を考察する、芸術論へのまったく新しい視座。（中村桂子）

秘密の動物誌
フォンクベルタ／フォルミゲーラ
荒俣宏監修
管啓次郎訳

光る象、多足蛇、水面直立魚――謎の失踪を遂げた動物学者によって発見された「新種の動物」とは。世界を騒然とさせた驚愕の書。（茂木健一郎）

ブーレーズ作曲家論選
ピエール・ブーレーズ
笠羽映子編訳

現代音楽の巨匠ブーレーズ。彼がバッハ、マーラー、ケージなど古今の名作曲家を個別に考察した音楽論14篇を集めたオリジナル編集。

図説 写真小史
ヴァルター・ベンヤミン
久保哲司編訳

写真の可能性と限界を考察し初期写真から同時代の作品まで通観した傑作エッセイ「写真小史」と、関連の写真図版・評論を編集。（金子隆一）

フランシス・ベイコン・インタヴュー
デイヴィッド・シルヴェスター
小　林　等　訳

二十世紀を代表する画家ベイコンが自身について語った貴重な対談録。制作過程や生い立ちのことなど。『肉への慈悲』の文庫化。（保坂健二朗）

花鳥・山水画を読み解く
宮　崎　法　子

中国絵画の二大分野、山水画と花鳥画。そこに託された人々の思いや夢とは何だったのか。豊饒な作品世界を第一人者が案内する。サントリー学芸賞受賞。

河鍋暁斎 暁斎百鬼画談
安村敏信監修・解説

幕末明治の天才画家・河鍋暁斎の遺作から、奇にして怪なる妖怪満載の全頁をカラーで収録、暁斎研究の第一人者の解説を付す。巻頭言＝小松和彦

ちくま学芸文庫

柳宗民《やなぎむねたみ》の雑草《ざっそう》ノオト

二〇〇七年三月十日　第一刷発行
二〇二二年二月二十日　第十刷発行

著　者　柳宗民（やなぎ・むねたみ）
　　　　三品隆司（みしな・たかし）
発行者　喜入冬子
発行所　株式会社　筑摩書房
　　　　東京都台東区蔵前二―五―三　〒一一一―八七五五
　　　　電話番号　〇三―五六八七―二六〇一（代表）
装幀者　安野光雅
印刷所　三松堂印刷株式会社
製本所　三松堂印刷株式会社

ISBN978-4-480-09050-8　C0161